U0592075

基于遥感和 GIS 的泥石流灾害危险性研究

许文波　张国平　郑进军　著

科学出版社

北　京

内 容 简 介

　　本书共 5 章，内容包括西南地区泥石流概况、降雨量插值方法研究、泥石流危险度区划方法研究、泥石流预报模型研究等。本书最大的特点是运用遥感和地理信息系统技术研究大范围下的泥石流灾害预测预报。本书汇集了作者多篇论文的研究结果。

　　本书特别适合灾害遥感、地理信息系统的人员参考使用，既可作为交通、铁道、建设等部门工程技术人员的参考用书，又可作为大专院校地质、地理水文环境等专业师生的参考教材。

图书在版编目(CIP)数据

　　基于遥感和 GIS 的泥石流灾害危险性研究 / 许文波，张国平，郑进军著.
— 北京：科学出版社，2016.9
　　ISBN 978-7-03-049999-8

　　Ⅰ.①基…　Ⅱ.①许…　②张…　③郑…　Ⅲ.①泥石流-灾害-危险性-研究-中国　Ⅳ.①P642.23

　　中国版本图书馆 CIP 数据核字（2016）第 229561 号

责任编辑：杨　岭　黄明冀 / 责任校对：杨悦蕾
责任印制：余少力 / 封面设计：墨创文化

科 学 出 版 社 出版
北京东黄城根北街16号
邮政编码：100717
http://www.sciencep.com

成都锦瑞印刷有限责任公司印刷
科学出版社发行　各地新华书店经销
*

2016 年 9 月第 一 版　　　开本：B5（720×1000）
2016 年 9 月第一次印刷　　印张：9 1/4
字数：190 千字
定价：65.00 元
（如有印装质量问题，我社负责调换）

前　　言

泥石流是指在山区或其他沟谷深壑、地形险峻的地区，因为暴雨、暴雪或其他自然灾害引发的山体滑坡并携带有大量泥沙及石块的特殊洪流，它是山区区域内一种特殊的自然灾害，具有爆发突然和搬运、冲击、掩埋等一系列能力特点，且能在短时间内聚集巨大的破坏力，破坏人类的生产活动和交通环境，也影响气候、水文等人类的赖以生存的自然环境，严重威胁着人们的生命财产安全并阻碍着社会经济的发展进步。

我国地域辽阔，地理条件复杂，是泥石流灾害发生率极高的国家之一，随着经济和社会的飞速发展，泥石流灾害对社会经济的危害越来越突出。

相对于滑坡、崩塌、地面塌陷等地质灾害，泥石流灾害是最严重的一种灾害类型。泥石流灾害频发的国家有中国、日本、美国、俄罗斯、瑞士、意大利等，除南极洲以外，其他每个大洲都有泥石流。2010年8月7日，一场特大山洪泥石流袭击我国甘肃省舟曲县，造成1510人死亡，255人失踪，4.7万人受灾，6万多间房屋损毁，这是新中国成立以来最严重的一次山洪泥石流灾害。因此，灾害危险性评价也越来越成为研究的热点，如何准确有效地进行区域泥石流危险性评估，为泥石流灾害的预测预报及防治工作提供强有力的支持，成为亟待解决的重大问题，也是一个具有现实意义的重要研究课题。

泥石流灾害危险性评估存在的问题主要有三大方面：一是环境因子的构建，即如何快速获取大范围的环境因子；二是气象因子中降雨量的估算，主要集中在气象站点插值精度估算降雨；三是如何客观选取环境因子和确定因子权重及评估模型的适用性和精度。

本书主要以遥感技术为基础，结合地理信息系统技术，研究了基于遥感数据构建多类环境因子，引入环境因子对降雨量估算方法进行优化，结合气象站点数据获取较高精度的逐日降雨量开展多因子相关性分析，利用主成分分析方法提取主成分组成新的因子，基于多种环境因子和模糊数学理论建立泥石流灾害危险性评估模型。

　　本书的撰写得到"中央高校基本科研"项目(项目编号: A03009023801159)和国家自然基金面上项目"泥石流灾害危险性遥感评估模型研究"(项目编号: G0501220141371398)的资助。

　　我的研究生虞文娟、景少彩、邹杨娟、刘思雨帮助我做了部分数值计算、绘图和文字排版工作并指出了不少笔误,作者在此向他们致以谢意。

　　作者在编写本书过程中参考了众多文献,未能一一列出,在此向原作者致敬。

　　由于作者水平有限,加之时间仓促,书中难免有不妥之处,敬请读者批评指正。

目　　录

第1章 绪 论

1.1 研究背景与意义

泥石流是指在山区或其他沟谷深壑、地形险峻的地区，因为暴雨、暴雪或其他自然灾害引发的山体滑坡并携带有大量泥沙及石块的特殊洪流，它是山区区域内特殊的一种自然灾害，具有爆发突然和搬运、冲击、掩埋等一系列能力特点，且能在短时间内聚集巨大的破坏力，破坏人类的生产活动和交通环境，也影响着气候、水文等人类的赖以生存的自然环境，严重威胁着人们的生命财产安全并阻碍着社会经济的发展进步。相对于滑坡、崩塌、地面塌陷等地质灾害，泥石流灾害是最严重的一种灾害类型，泥石流灾害频发的国家有中国、日本、美国、俄罗斯、瑞士、意大利等，除南极洲以外，其他每个大洲都有泥石流。2010 年 8 月 7日，一场特大山洪泥石流袭击我国甘肃省舟曲县，造成 1510 人死亡，255 人失踪，4.7 万人受灾，6 万多间房屋损毁，这是新中国成立以来最严重的一次山洪泥石流灾害。

1.1.1 我国西南地区泥石流灾害概况

中国是一个山地较广的国家，面积大约为国土总面积的 2/3，泥石流危害较为严重的隐患点分布在西南地区，其中以四川省尤甚：2010 年 8 月 12 日到 13日，我国四川省的清平、映秀、虹口、龙池等乡镇遭洪水泥石流灾害袭击，造成民房倒塌 1.85 万余户、4.68 万余间，60 余人死亡或失踪；2012 年 6 月 28日，山洪泥石流灾害侵袭了四川省凉山彝族自治州的宁南县，造成 38 人失踪和 3 人遇难，并且对三峡白鹤滩水电站的施工造成阻碍；2012 年 7 月 3 日，汉源县爆发泥石流，造成 5.3 万人受灾，经济损失约 3 亿元，大量房屋不同程度的损坏。

由于四川省地形地貌复杂多样，以山地为主，山地面积占总面积的 93%，东部盆地和西部高山高原在环境地质条件上有着鲜明的地域差异。川西岩石较为破碎，沟床比降大，谷坡陡峻，尤其是停积于谷坡上的固体松散物质，在暴雨、冰雪融化、地震活动等激化下，有利于泥石流形成。该区泥石流分布广泛，数量多，暴发频繁，是我省乃至全国此类灾害的多发地带。东部丘陵谷地山体稳定性较好，滑坡、崩坍主要发生在盆周和川东平行岭谷和川北中低山区，盆地内部除特大灾害性暴雨激发形成滑坡外，受人类经济活动影响较大的地段，滑坡与日俱增，有些还转化成为滑坡型泥石流。同时，受到亚热带季风气候的影响，雨季的始末和雨型分配也有明显的地区差异。盆地东部的降雨主要集中在 5~10 月，雨型为双峰型，大部分地区雨量的主峰在 7 月，次峰在 5 月和 9 月，而泥石流发生季节也为双峰型，主峰在 5 月，与该区雨型十分吻合。盆地西部的降雨主要集中在 6~9 月，雨型为单峰型，峰值在 7 月份，而泥石流发生季节也是单峰型，峰值也在 7 月。由此可见，每年 6~9 月为雨季，占全年总雨量的 70% 左右。而某些地区又受地震等诱发因素频发的影响，成为泥石流地质灾害的多发区、易发区，极易造成巨大损失与伤亡，每年因泥石流灾害造成的损失位于全国第二。

根据 1981~2004 年四川省各市泥石流历史资料统计(表 1-1)，泥石流灾害共发生 283 起，攀枝花市和凉山彝族自治州的泥石流约占 45.6%，属于泥石流高发区，并且这两个地区所管辖的县区在历史上也多次受到泥石流的侵害。

表 1-1　四川省各市泥石流发生频数统计

地级市名称	频数	地级市名称	频数
阿坝藏族羌族自治州	15	广元市	1
北川羌族自治区	6	凉山彝族自治州	109
成都市	5	泸州市	6
达州市	3	眉山市	1
德阳市	8	绵阳市	1
都江堰市	0	南充市	0
峨眉山市	0	攀枝花市	20
甘孜藏族自治州	24	雅安市	52
广安市	5	宜宾市	12
巴中市	2	乐山市	13

1.1.2　预测泥石流面临的挑战

泥石流灾害已经引起国际社会的空前重视，国内外许多学者不断开展与泥石流有关的防治研究，主要集中在泥石流预报方面，值得研究的相关内容很多仍在不断进行中。一方面，泥石流灾害的预报主要集中在基于灾害形成机理的机理预报和基于预报因子的定量预报，前者由于一些自然环境及设备的限制，研究停留在理论实验探索阶段，尚未成熟，而重心在于后者的研究，从简单的数理统计到复杂的神经网络，逐渐缩小预报区域及预报时间。另一方面，预报影响因子的处理，这些影响因子大致被归为两类：一类是降雨因子，它是泥石流发生的直接激发因素，另一类是泥石流发育的环境背景因子，它是泥石流发生的基础条件。一般前者通过空间插值研究较多，后者大多数从定性分析进行灾害的区划与评估。

近年来，大多数预报在以往定性描述的基础上向定量化研究方向发展，尤其遥感卫星的发射及其技术的发展更加促进了定量化的研究。特别是近年来西南地区地震频发，为地震山区流域富集了大量的松散固体物质，这些物质在降雨的激发下频繁启动转化为泥石流，对西南地区人们的生命及财产造成巨大威胁，所以如何在时间和空间上准确预测泥石流是我们目前面临的巨大挑战。

1.1.3　遥感和地理信息系统技术在泥石流探测中的应用

遥感是指在不直接接触的情况下，对目标或自然现象与距离感知的一门探测技术。具体地讲，就是在高空和外层空间的各种平台上，运用各种传感器获取反映地表特征的各种数据，通过传输、变换和处理，提取有用的信息，实现研究第五空间形状、位置、性质、变化及其与环境相互关系的一门现代应用技术学科。

从 1928 年开始，地学界就有学者研究泥石流预报，但时至今日，泥石流的预报依然是一个难题。由于地形和人类感知范围有限，传统的地面调查方式存在很大的局限性，通常只见局部，不见整体，并且有些地方地形复杂，无法进行实地调查。建立一个适用于四川省，且准确性较高的区域性泥石流预报模型具有重要的现实意义。而遥感数据的覆盖范围大，且能记录的地面目标光谱范围也比较大，从可见光到微波范围都能感知。因此，利用遥感影像可以勾出地质灾害发生的空间分布，并确定其性质和类别，查明其产生原因、分布规律、危害程度等。

泥石流主要发生在地形条件复杂、交通不便的山区。大多具有突发性、历时短暂、来势凶猛、有强大的破坏力和灾后实地调查难度很大的特点。遥感技术的发展利用多时像的遥感数据，对其发展趋势和危害程度做出准确的判断，为减灾防灾提供决策依据。

目前，根据泥石流灾害形势，有效的防灾减灾工作必须做到：

（1）灾害预测。对潜在泥石流灾害，包括发生时间、范围、规模等进行预测，为有效防灾做准备。

（2）灾害监测。遥感集市平台上的信息产品的引入可以使灾害灾情监测更及时、准确，其平台可查询到高分一号、高分二号、资源三号等国产高分辨率遥感影像，随时监测各种灾害，特别是洪水、干旱、地震等重大灾害发生情况。

（3）紧急救灾。当重大泥石流灾害发生时，快速准确地提供灾情信息是紧急救援所必需的。

（4）灾后重建。准确的泥石流灾情评估是灾后重建最主要的依据之一。

顺利完成上述工作的基础是快速掌握准确、全面、客观、直观的灾情信息，而卫星遥感恰恰能做到这一点。

利用传统的目视解释方法，可以对航空立体像对进行立体观测，这是判识地质灾害的有效手段之一。随着信息技术的飞速发展，将计算机三维可视化技术与遥感（RS）技术、地理信息系统（GIS）技术、全球定位系统（GPS）技术相结合，不仅能直观地表现地质灾害的特征，而且还可以对地质灾害进行多视角、多尺度的动态观测，为泥石流灾害野外调查提供指导及后期的预防与整治提供参考，而这是野外现场勘测所无法实现的。

由于所处地貌、地质环境的不同，滑坡、泥石流灾害的特点常常会因地而异。因此就需要在对灾害体作细致的定性、定量遥感解译的基础上，对该地区相关的地学资料，包括灾害发生的历史资料做系统的分析研究；结合必要的实地调查，在地质理论的指导下，了解灾害体的具体特点和环境条件，进而探讨灾害孕育、发展和触发的机理，进行灾害趋势的预测预警。

随着研究的深入，区域性泥石流事件预报已经从早期的定性评估转向现在的定量化评估和预报。尤其是近几十年来，GIS 技术和 RS 技术的不断发展及广泛应用，为定量化的泥石流评估和预报提供了更为可靠的手段。其中 GIS 技术的数据管理、地理统计分析及空间插值功能，能够有效地将离散分布的气象站点降雨量数据由点及面估算出灾害点的降雨量。随着 RS 技术向多平台、高空间分辨率、高时间分辨率、高光谱分辨率、高定位精度及立体三维成像技术方面发展，从而提供了宏观的地面信息，对地形、地貌、植被覆盖度、土地利用类型等环境因子进行获取、计算及分析具有明显的优势。结合二者优势提高预报的准确性已成为一种研究的趋势，将会更直接、准确、逼真、动态地反映地质灾害的特征，为政府减灾防灾工作提供资料，为预防地质灾害、减少地质灾害对人们生命和财产的危害及社会稳定可持续发展提供服务。

作为一门边缘学科，泥石流的发生涉及地质地貌、气象水文、植被、人为因素等，是降雨与各环境因子共同作用的结果，离开其中任何一个都将不能全面地分析和预测泥石流。因此，本书以泥石流预报理论为基础，结合 GIS 和 RS 二者的优势，定量分析激发因子(降雨量)和环境背景因子(地形、汇流累积量、土壤类型、植被覆盖度、土地利用类型等)之间的关系，以及对泥石流发生的影响程度，并在此基础上建立预测准确率较高的泥石流发生概率模型。

由于不同区域激发灾害的临界降雨和环境背景因素各不相同，突出的区域可用性问题为地质灾害的危险性评价带来了很多不确定性。尽可能有效地评估泥石流发生的危险性区域、尽量避免人员伤亡和财产损失是我们共同关心的问题。地质灾害危险性评价是风险管理和灾害管理的基础，是地质灾害防治工作中的重要环节，对于保障人们生命财产安全和社会经济建设及发展至关重要，所以泥石流灾害预测研究是十分必要的。

1.2　国内外研究现状与分析

在国外，有关地质灾害的遥感技术研究开展较早，从地质灾害调查到地质灾害的实时监测。日本利用 RS 图像编制了全国 1/5 万地质灾害分布图；欧盟各国在大量滑坡、泥石流遥感调查基础上，对 RS 技术方法作了系统总结，指出识别不同规模、亮度或对比度的滑坡和泥石流所需 RS 图像的空间分辨率；美国、瑞士、韩国、日本等都建立了滑坡泥石流实时监测系统，开发了相应的数据采集、分析、处理、传输和管理为一体的监测预警系统。日本在泥石流监测预警系统研制和开发方面处于国际领先地位。

在国内，利用 RS 技术进行灾害研究较晚，但进展很快。在"八五"、"九五"期间，采用资源卫星和气象卫星资料 LANDSAT 和 NOAA/AVHRR 对洪涝灾害易发区建立遥感数据库；在地质灾害研究中，近 20 年来，RS 技术在地质灾害调查方面已取得许多成果，如 20 世纪 80 年代初，湖南省利用 RS 技术在洞庭湖开展了水利工程地质环境及地质灾害调查工作；20 世纪 90 年代到 21 世纪初，我国研制出模拟泥石流浆体流动剪切状态的平板式泥石流流变仪、泥石流降雨监测系统、泥石流次声警报器及泥石流运动观测的近景摄影观测系统和结构光栅观测系统，这些仪器在中国科学院东川泥石流观测研究站得到应用，使该站成为中国第一个半自动化泥石流观测站，在国际上享有较高的学术地位。此外，RS 还主要应用在灾后评估方面，但在灾害的预测方面应用较少。

在研究方法上，国内的唐川、刘希林等学者较早展开了区域泥石流危险区划研究，提出了区域泥石流危险多因子综合评价模型，并不断地完善，逐步应用于实践中，国外针对滑坡灾害的危险区划研究有许多，如 Cross 采用滑坡敏感指数 LSI 作为定量化指标进行滑坡灾害危险性区划评价；Duman 采用 logistic 进行灾害敏感性分区评价等。在危险性评价研究中，评价因子的选取及其权重的确定是很重要的，直接关系到区划的质量好坏和分区精度的高低。国内外专家针对此问题提出了多种确定权重的危险区划方法，如多元回归法、信息量法、专家打分法、神经网络法、模糊分析法等。这些方法在实际应用中被证明有一定的实用性价值，但在评价因子的选取和权重取值方面还是存在一定的主观性和随意性。证据权法作为一种数据驱动方法，较客观地运用于泥石流危险区划的研究中。

RS 技术已经逐渐成为灾害分析不可或缺的重要方法，在实际应用中还应与 GIS 技术紧密结合，利用 GIS 技术强大的数据分析和处理功能，对灾害信息进行实时、快速、全面的分析处理，为灾害的预测提供更加全面的数据支持。以 RS 和 GIS 技术为支持，以 GPS 技术为辅助。RS 技术可以对地质灾害进行遥感解译，对目标区域内已经发生的地质灾害点和地质灾害隐患点进行系统、全面的调查，为灾害危险区划提供准确的数据依据。例如，通过去相关拉伸、光谱信息增强、最大似然法分类等提取滑坡、泥石流区域，并结合卫星降雨量数据和 DEM 资料，分析降水导致的滑坡、泥石流情况；针对滑坡泥石流多发现象，分析基于光学遥感数据和 SAR 数据的滑坡泥石流多源遥感提取方法。GIS 技术与 RS 技术结合，被更多应用于地震灾害调查与研究领域，成为不可或缺的研究工具。随着数学方法及计算机技术的发展，现阶段国内外学者对地质灾害危险性的研究多着眼于对危险性评价方法由定性转为定量的改进或创新研究，地质灾害危险性评价越来越向定量化方向发展，并且与这些技术结合得也越来越紧密。

1.3 研究目标与内容

1.3.1 研究目标与任务

本书旨在以 RS 和 GIS 技术为基础，结合多种地学因子和模糊数学理论的较高精度的泥石流危险性区划方法。首先，利用 RS 手段快速获取大范围的与泥石流地质灾害有关的激发因子(降雨量)和环境因子。其次，在泥石流灾害点发生灾害日降雨量估算中，考虑环境因子，对降雨量插值进行优化，以获得更准确的逐日降雨。在此基础上，定量化地确定多种环境因子与泥石流活动的"亲疏"关系，利用模糊数学理论研究较高精度的泥石流灾害危险性区划方法，为达到最大限度地减轻和避免泥石流灾害造成的损失提供可靠的依据。

1.3.2 主要研究内容

根据泥石流灾害类型统计，以降雨引发的泥石流，即降雨型泥石流发生的频率最高。加之环境背景不断恶化也导致区域泥石流频繁发生，从而对生命财产及社会发展产生巨大威胁，为了更好地预测预防此类灾害，必须了解此灾害在一定区域内发生的危险程度，以及相关的理论方法。研究内容包括以下部分。

(1)降雨量插值方法研究。本书以四川省为例，基于前人对插值较好的研究结果，在使用地面雨量站和气象观测站的降雨量数据时，应加入高程、坡度、坡向、植被指数等环境因子，进行插值优化估算。

(2)泥石流危险区划方法研究。广泛收集各种相关的环境因子，利用模型分别计算每种评价因子，分析其对泥石流的贡献作用。并以综合信息为最终划分指标对四川省进行泥石流危险性区划，为之后建立泥石流预报模型提供一定的参考依据。

(3)泥石流预报模型研究。在危险性区划的基础上，首先采用关联度分析方法计算各子区中影响因子(高程、坡度、坡向、汇流累积量、植被覆盖度、土壤类型、土地利用类型、有效降雨量和当日降雨)的权重。给予模糊数学理论，采用回归模型，建立泥石流的预报模型。

1.4 研究区概况

四川省位于我国西南部，在东经 $97°21'\sim108°31'$、北纬 $26°03'\sim34°19'$ 之间（图 2-1）。全省总面积 48.5 万多平方千米，地跨我国第一和第二级阶梯，以及青藏高原、横断山脉、云贵高原、秦巴山地、四川盆地等几大地貌单元。东部为四川盆地及盆缘山地，西部为川西高山高原及川西南山地，故地势西高东低，由西北向东南倾斜。地貌以山地为主，兼有高原、丘陵和盆地，海拔为 $300\sim6000$ m。除四川盆地底部的平原和丘陵外，大部分地区岭谷高差均在 500 m 以上，地表起伏悬殊，地形复杂多样。

地质方面，各时代地层均有显露，东部和西部构造差异大，大致以龙门山断裂带为分水岭。东部为稳定的"地台型"地层系统和西部仍处于大陆边缘继承活动的地槽发展阶段的地层系统。东部盆地周围含侏罗系－下三系，以陆相红色砂岩、泥岩系为主，上震旦系－中三叠统属海相地台型沉积，以盐酸盐为主，砂岩、页岩次之；泥盆—石炭系在龙门山北段局部地区保留完整，以海相碳酸盐岩为主；西部槽区的震旦系－三叠系为冒地槽型沉积。

气候方面，由于区内复杂多样的地形地貌造就了显著的区域差异。西北部高原地区以寒冷的高原性气候为主，日照充足，风化强烈，全年降雨量远少于其他地区，为 $500\sim900$ mm。西南部为山地亚热带半干旱半湿润气候，全年气温较高。干湿季明显，河谷地区受焚风效应影响形成干热河谷气候。该区域气候垂直变化大，形成显著的立体气候。东部是温暖湿润的亚热带季风气候，主要分布于四川盆地和周围山地。季风气候明显，干雨季分明，降水丰沛且集中，年降雨量 $1000\sim2000$ mm。

四川省由于特殊的地质地貌和水热条件而具备了引发泥石流灾害的先决条件——固体松散物质和激发条件——大降雨。故四川省是我国泥石流灾害多发的省份之一。根据中国地质环境监测院的数据显示，该地区 $1951\sim2004$ 年，有历史记录并定位准确、记录翔实的泥石流灾害共 462 起。根据前人的研究，四川省泥石流属于降雨型泥石流。灾害区主要集中在东部、中部和南部攀枝花地区。东部地区由于季风气候的影响，夏季暴雨频繁发生，进而引起泥石流。中部和南部由于复杂的地质构造以及地处地震断裂带，地震造成山体松动，形成了充足的松散(岩土)固体。因此是泥石流灾害发生最频繁的地区。

参 考 文 献

[1] 解征帆,赵文华. 四川省泥石流滑坡类型分布与防治对策[J]. 四川省地质学报, 1992, 12 (1): 56－65.

[2] 郭嘉仁. 1997. 四川泥石流灾害规律探讨[J]. 中国减灾, 1997, 7(3): 42－44.

[3] 朱会义,贾绍凤. 降雨信息空间插值的不确定性分析[J]. 地理科学进展, 2004, 23(2): 34－42.

[4] 许家琦,舒红. 降水数据空间插值的时间尺度效应[J]. 测绘信息与工程, 2009, 34(3): 29－30.

[5] Lee S, Pradhan B. Landslide hazard mapping at Selangor, Malaysia using frequency ratio and logistic regression models[J]. Landslides, 2007, 4(1): 33－41.

[6] Carrara G A, Crosta P, Frattini. Comparing models of debris-flow susceptibility in the alpine environment[J]. Geomorphology, 2008, 94(3－4): 353－378.

[7] 张国平,徐晶,毕宝贵. 滑坡和泥石流灾害与环境因子的关系[J]. 应用生态学报, 2009, 20(3): 653－658.

[8] 孙家抦. 遥感原理与应用[M]. 武汉: 武汉大学出版社, 2009.

[9] 赵英时. 遥感应用分析原理与方法[M]. 北京: 科学出版社. 2003.

[10] 王裕宜,詹钱登,严壁玉,等. 泥石流体结构和流变特性[M]. 长沙: 湖南科学技术出版社, 2001.

[11] 唐川,刘琼招. 中国泥石流灾害强度划分与危险区划探讨[J]. 中国地质灾害与防治学报, 1994, 5(S1): 30－36.

[12] 刘希林. 区域泥石流风险评价研究[J]. 自然灾害学报, 2000, 9(1): 54－61.

[13] Cardinali M, Reichenbach P, Guzzetti F, et al. A geomorphological approach to the estimation of landslide hazards and risks in Umbria, Central Italy[J]. Natural Hazards and Earth System Sciences, 2002, (2): 57－72.

[14] Lin JW, Chen CW, Peng CY. Kalman filter decision systems for debris flow hazard assessment[J]. Nature Hazard, 2012, (60): 1255－1266.

[15] William C H. A rational probabilistic method for spatially distributed landslide hazard assessment[J]. Environmental and Engineering Geoscience, 2004, 10(2): 27－43.

[16] Duman T Y, Can T, Gokceoglu C, et al. Sonmez HApplication of logistic regression for landslide susceptibility zoning of Cekmece Area, Istanbul, Turkey[J]. Environ Geol, 2006, 51: 241－256.

[17] 兰恒星,伍法权,王思敬. 基于 GIS 的滑坡 CF 多元回归模型及其应用[J]. 山地学报,

2002，20(6)：732—737.

[18] 匡乐红，刘宝琛，姚京成. 基于模糊可拓方法的泥石流危险度区划研究[J]. 灾害学，
     2006，21(1)：68—62.

[19] 向喜琼，黄润秋. 基于 GIS 的人工神经网络模型在地质灾害危险性区划中的应用[J]. 中
     国地质灾害与防治学报，2000，11(3)：23—27.

[20] 朱良峰，吴信才，殷坤龙，等. 基于信息量模型的中国滑坡灾害风险区划研究[J]. 地球
     科学与环境学报，2004，26(3)：52—56.

[21] 王志旺，李端有，王湘桂. 证据权法在滑坡危险度区划研究中的应用. 岩土工程学报，
     2007，29(8)：1268—1275.

[22] 赵祥，李长春，苏娜. 滑坡泥石流的多源遥感提取方法[J]. 自然灾害报，2009，18(6)：
     29—32；

[23] 唐小明，冯杭建，赵建康. 基于虚拟 GIS 和空间分析的小流域泥石流地质灾害遥感解
     译——以嵊州市为例. 地质科技情报，2008，27(2)：12—16.

第 2 章　降雨量的空间插值优化研究

2.1　概　　述

空间插值是用已知的点数值来估算周围其他点数值的过程。它遵循 Tobler 地理定律，即在空间上接近的测点比那些远远分开的测点更相似。同时也与地理第一定律有关，即空间事物都是相互联系的，距离近的联系程度更为紧密。其主要目的是：

(1)对数据的不足或缺失进行插补估计。由于监测点空间分布位置和分布密度的双重影响，不能将任何空间地点的数据以实测形式表现，因此需要用插值的方法来了解研究区域内监测变量的空间分布情况。

(2)内插等值线，以等值线的形式来直观地显示数据的空间分布情况。

(3)推断不同区域的未知数据。

一个完整的空间估值过程一般分为三步：首先，获取原始数据、分析数据，找寻数据暗含的特点和规律，比如是否为正态分布、有没有趋势效应等；其次，选择合适的模型进行表面预测，其中包括半变异模型的选择和预测模型的选择；最后，检验模型是否合理或对几种模型进行对比。

2.2　空间插值研究进展

空间插值利用气象站的气象资料进行内插，获取邻近区域内的降雨估算值，是一种比较有效的方法，也是研究热点。国内外学者专家在不同的应用领域内(气象、地质、生态、社会经济等)对空间插值这个问题做了大量的研究与实验。研究的空间插值方法有很多，如反距离加权平均法、样条函数、普通克里金、Delaunay 三角剖分线性插值、Cressman 客观分析、双谐样条插值等，且大多倾向于对其中的几种方法进行比较研究；冯锦明等采用克里金插值等 5 种插值法，对中国 160 个台站的降水资料进行插值，Cressman 客观分析与双谐样条的结果较好；储少林等采用了反距离加权法、样条函数法和普通克里格法，对相关的

186 个气象台站的降水进行插值分析比较，普通克里格法的插值结果相对较好；高歌等通过普通克里金和反距离权重两种方法在逐日降水量插值上的比较，得出前者结果略好；David T. Price 等针对加拿大月平均气温数据，采用样条函数法和反距离权重法，结果表明两种方法在东部地形缓和地区结果较好，而在地形复杂的区域插值较困难；Deliang Chen 等利用 1951~2005 年中国日降水数据，采用 5 种插值方法进行比较分析，最后表明普通克里金法优于其他方法。

　　由以上内容可以看出，一些研究只是局限于对几种常见插值方法的结果进行比较分析，而没有对一种较好的方法进行进一步的优化研究以使结果精度更好；另外，也可以得出对于不同的区域降雨存在不同的最优插值法。

　　空间插值分类的标准多种多样，空间插值方法有很多种类型，大致分为两类：一是确定性插值方法，二是地统计插值方法，如图 2-1 所示。

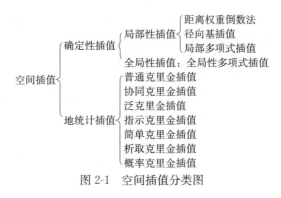

图 2-1　空间插值分类图

2.3　空间插值方法

2.3.1　确定性插值

2.3.1.1　距离权重倒数法

　　距离权重倒数(inverse distance weighting，IDW)法是一种以研究区域内部的相似性或以平滑度为基础的空间确定性插值方法。该方法通过计算未知测量点附近区域各点的测量值的加权平均来进行插值，离插值点越近的样本点赋予的权重越大。计算的一般公式为

$$\hat{Z}(s_0) = \sum_{i=1}^{N} \lambda_i Z(s_i) \tag{2-1}$$

式中，$\hat{Z}(s_0)$ 为 s_0 处的预测值；N 为预测计算过程中需要使用的预测点周围样点数；λ_i 为预测计算过程中使用的各样点相应的权重，该值随着样点与预测点之间距离的增加而减少；$Z(s_i)$ 是在 s_i 处获得的测量值。

而权重是通过式（2-2）和式（2-3）来确定：

$$\lambda_i = d_{i_0}^{-p} / \sum_{i=1}^{N} d_{i_0}^{-p} \tag{2-2}$$

$$\sum_{i=1}^{N} \lambda_i = 1 \tag{2-3}$$

式中，幂指数 p 控制样点距离对插值结果的影响程度，p 越大则最近处样点对插值结果影响越小；d_{i_0} 是预测点 s_0 与各已知样点 s_i 之间的距离，随着采样点与预测值之间距离的增加，标准样点对预测点影响的权重按指数规律减少。在预测过程中，各样点值对预测点值作用的权重大小是成比例的，这些权重值的总和为1。距离为零处的点，权值为无穷大，因此，用 IWD 法计算某一个观测点的值时，会得到该点的实际测量值。由于能准确地保证观测值并进行插值，IDW 被称为精确插值方法。对于近似插值方法，为了产生更好的光滑效果，允许在测量点处有一些偏差，如果这种偏差可以看成是由测量误差引起的，或是表面总体趋势下的局部偏差，那么这一性质将十分有用。

IDW 插值要求各样点的分布应该尽可能地均匀，而且应该布满在矩形范围内。对于不规则分布的样点，插值时利用的样点往往也不均匀地分布在周围的不同方向上，这样，每个方向对插值结果的影响就是不相同的，结果的准确性就会受到影响。但是，因为 IDW 法计算出的是一个平均数，因此会产生一些并不期望的特殊性质。利用非负数的权值，计算出的加权平均值，必然会落在观测值的范围外，即在插值后的表面没有任何点，其内插值 z 大于最大的测量值 z，同时也没有任何点其内插值 z 小于最小的观测值 z。

2.3.1.2　径向基函数插值

径向基函数插值法最初是散乱数据插值的一种方法，具有计算格式简单、节点配置灵活、计算工作量小、精度相对较高等优点。从概念上来说，径向基函数插值法如同将一个软膜插入并经过各个已知样点，同时又使表面的总曲率最小。它不同于全局多项式和局部多项式插值方法，属于精确插值方法。所谓精确插值方法，就是指表面必须经过每一个已知样点。径向基函数包括 5 种不同的基本函数：平面样条函数、张力样条函数、规则样条函数、高次曲面函数和反高次胜面样条函数。选择何种基本函数意味着将以何种方式使径向基表面穿过一系列已知样点。

对于 $f(x) \in C[a,b], x_1, x_2, \cdots, x_N \in [a,b]$ 为互不相同的点，F_Q 是一个由径向基函数 $\varphi_1, \varphi_2, \cdots, \varphi_N$ 生成的函数空间，记为 $F_{\Phi} = span\{\Phi_1, \Phi_2, \cdots, \Phi_N\}$，求 $f(x)$ 在 F_{Φ} 中的插值逼近：$Sf(x) = \sum_{j=1}^{N} a_j \Phi_j(x) \in F_{\Phi}$，使 $Sf(x)$ 满足 $Sf(x) = f(x_k)(k = 1, 2, \cdots, N)$，设 $\Phi(x) = \varphi(\|x\|)$，则 $\Phi_j(x) = \Phi(x - x_j)$ $= \varphi(\|x - x_j\|)(j = 1, 2, \cdots, N)$，那么 $F_{\Phi} = \{\varphi(\|x - x_1\|), \varphi(\|x - x_2\|), \cdots, \varphi(\|x - x_N\|)\}$，记 $A = \{\Phi_j(x_k)\}(N \times N, \alpha = (a_1, a_2, \cdots, a_N)^T, f = (f(x_1), f(x_2), \cdots, f(x_N))^T)$ 则插值用径向基函数方法求解偏微分方程。

设在二维区域上有一偏微分方程

$$\begin{cases} Lu = f(x,y), (x,y) \in \Omega \\ u = g(x,y), (x,y) \in \partial\Omega \\ \dfrac{\partial u}{\partial n} = h(x,y), (x,y) \in \partial\Omega \end{cases} \tag{2-4}$$

依 RBF 方法，其近似解可表示为

$$u_N(X,Y) = \sum_{j=1}^{N_I - N_d - N_a} u_j \varphi(r_j) \tag{2-5}$$

式中，u_j 为待定系数；$\varphi(r_j)$ 为径向基函数，r_j 是点 (x,y) 与点 (x_j, y_j) 距离的范数，即 $r_j = \|(x,y) - (x_j, y_j)\|$，二维域时 $r_j = \sqrt{(x - x_i)^2 + (y - y_i)^2}$；$N$ 为自然数，$\{(x_j, y_j)\}_1^{N_I}$ 表示为区域 Ω 内部的插值点，$\{(x_j, y_j)\}_{N_I/I}^{N_I/N_d}$ 和 $\{(x_j, y_j)\}_{N_I/N_d/I}^{N_I/N_d/N_a}$ 分别为本质边界条件和自然边界条件上的插值点。如果这两类边界是重合的，也可以选取不同的点分别作为各自的离散点。将式((2-5)代入式(2-4)得

$$\begin{cases} \sum_{j=1}^{N} (L\varphi)(\|(x_i, y_i) - (x_j, y_j)\|)u_j = f(x_j, y_j) \\ i = 1, 2, \cdots, N_I \\ \sum_{j=1}^{N} \varphi(\|(x_i, y_i) - (x_j, y_j)\|u_j) = g(x_j, y_j) \\ i = N_I + 1, N_I + 2, \cdots, N_I + N_d \\ \sum_{j=1}^{N} \dfrac{\partial \varphi}{\partial n}(\|(x_i, y_i) - (x_j, y_j)\|)u_j = f(x_j, y_j) \\ i = N_I + N_d + 1, \cdots, N \end{cases} \tag{2-6}$$

这样可以得到待定系数 $\{u_j\}_{j=1}^N$($N = N_I + N_d + N_a$ 为所有的离散点数)。

目前径向基函数的类型有 Crauss 分布函数 $\varphi(r) = e^{-c^2 r^2}$、Multi-Quadric 函数 $\varphi(r) = (c^2 + r^2)^\beta$(其中 β 是正的实数)、逆 Multi-Quadric 函数 $\varphi(r) = (c^2 + r^2)^{-\beta}$(其中 β 是正的实数)等。

径向基函数插值法适用于对大量点数据进行插值计算,同时要求获得平滑表面的情况。将径向基函数应用于变化平缓的表面,如表面平缓的点高程插值,能得到令人满意的结果。而在一段较短的水平距离内,当表面值发生较大的变化或无法确定采样点数据的准确性,或采样点数据具有很大的不确定性时,径向基函数插值的方法就不适用了。

2.3.1.3　局部多项式插值

局部多项式插值采用多个多项式,每个多项式都处在特定重叠的邻近区域内。通过使用搜索邻近区域对话框定义搜索的邻近区域。局部多项式插值法并非精确的插值方法,但它能得到一个平滑的表面。建立平滑表面和确定变量的小范围的变异可以使用局部多项式插值法,特别是数据集中含有短程变异时,局部多项式插值法生成的表面就能描述这种短程变异。

在局部多项式插值法中,邻近区域的形状、要用到的样点数量的最大值和最小值及扇区的构造都需要进行设定。还可以使用另外一种方法,就是通过拖动一个滑块来改变参数值定义邻近区域的宽度,这个参数以预测点与已知样点之间的距离为基础,所用的邻近区域内的采样点的权重随着预测点与标准点之间距离的增加而减小。因此,局部多项式插值法产生的表面更多地用来解释局部变异。

局部多项式方法实质上是一种局部加权最小二乘方法,它的算法原理可归结为以下三个主要步骤。

(1)选择插值函数。

最简单的插值函数是多项式,一般常用的多项式有三种,分别为一次、二次和三次多项式。在实践中,一般情况下二次多项式已能满足需求。

$$F(X,Y) = a + bX + cY + dXY + eX^2 + fY^2 \tag{2-7}$$

(2)确定"权"。

"权"的值由搜索范围、权系数和实际散点数据的几何分布(即距离)等因素决定,但在实际计算中往往只考虑其中几种。所以在确定"权"的过程中要考虑这些因素的体现。首先是确定搜索范围，它是局部多项式方法在"局部"特点上的体现。

定义

$$T_{XX} = \frac{\cos\Phi}{R_1}, \quad T_{XY} = \frac{\sin\Phi}{R_1}, \quad T_{XY} = \frac{-\sin\Phi}{R_2}, \quad T_{YY} = \frac{\cos\Phi}{R_2} \quad (2\text{-}8)$$

式中，Φ 为搜索椭圆的搜索角度；R_1 和 R_2 为搜索椭圆的长、短半径，两者决定了搜索范围。

定义

$$A_{XX} = T_{XX}^2 + T_{YX}^2, \quad A_{XY} = 2(T_{XX}T_{XY} + T_{YX}T_{YY}), \quad A_{YY} = T_{YY}^2 + T_{XX}^2$$

$$(2\text{-}9)$$

以上定义的 A_{XX}、A_{XY} 和 A_{YY} 仅仅是搜索椭圆的参数，只要搜索椭圆参数确定了，它们对于每个数据和网格节点来说都是定值。

其次是确定每个数据的几何分布，它是局部多项式方法在"距离权"特点上的体现。假定某一个散点数据位置为 (X_i, Y_i)，一个待求网格节点的位置为 (X_0, Y_0)，得出

$$dX = X_i - X_0, \quad dY = Y_i - Y_0 \quad (2\text{-}10)$$

$$Minimize \sum_{i=1}^{N} W_i [F(X_i, Y_i)]^2 \quad (2\text{-}11)$$

最后就是选择"权系数"来确定"权"了：

$$W_i = (1 - R_i)^p \quad (2\text{-}12)$$

式中的 W_i 就是数据 (X_i, Y_i) 的"权"，p 是"权系数"。

(3)把以上分析的一个散点的情况推广到搜索范围内的散点集合 $\{(X_i, Y_i, Z_i) for i = 1, 2, \cdots, N\}$，然后根据最小二乘原理，解出多项式(式2-8)的系数 $a.b.c.d.e.f$。确定多项式，从而确定相应节点上的值。

2.3.1.4 全局多项式插值

全局性插值方法以整个研究区的样点数据集为基础，用一个多项式来计算预测值，即用一个平面或曲面进行全区特征拟合。因为全局多项式插值所得的表面很少能与实际的已知样点完全重合，所以全局插值法是非精确的插值法。利用全局性插值法生成的表面容易受极高和极低样点值的影响，尤其是在研究区边沿地带，因此用于模拟的有关属性在研究区域内最好是变化平缓的。全局多项式插值

法适用的情况有两种：①当一个研究区域的表面变化缓慢，即这个表面上的样点值由一个区域向另一个区域的变化平缓时，可以采用全局多项式插值法；②检验长期变化的、全局性趋势的影响时，一般采用全局多项式插值法，在这种情况下应用的方法通常被称为趋势面分析。

2.3.2　克里金插值方法

克里金(Kriging)是应用较为广泛的一种空间插值，又称空间局部插值法，是以变异函数理论和结构分析为基础，在有限区域内对区域化变量进行无偏最优估计的一种方法，是在地统计学上发展起来的。地统计学(geostatistics)是一种既考虑样本值又重视样本空间位置及样本之间距离的方法，用来研究要素的空间分布格局，其原理包括两部分：一部分是空间自相关规律，即空间的任何对象与其他空间对象相互联系作用，相距越近，作用越强；另一部分是区域化变量，即具有一定结构性和不确定性的空间信息。

1951 年，在地矿评估研究中，南非地矿工程师 Krige 第一次将克里金法应用到矿块的平均品位的估计问题上。1962 年，法国地统计学家 Matheron 在 Krige 研究基础上，将该方法理论化和系统化。随后此方法被应用到不同的领域进行研究，如地质、土壤、气温、生态等。克里金空间插值方法属于随机性的地统计分析的空间内插，克里金法插值也是一种精确插值，所生成的面通过所有已知观测点的过程，一般具有较好的插值效果。

克里金法是根据待插值点与邻近实测高程点的空间位置，对待插值点的高程值进行线性无偏最优估计，通过生成一个关于高程的克里金插值图来表达研究区域的原始地形。总的公式是

$$\hat{Z}(x_0) = \sum_{i=1}^{n} \lambda_i Z(x_i) \tag{2-13}$$

式中，设 $Z(X)$ 是一个二阶随机函数，$E[Z(X)] = t$ 的值是一个未知的常数，λ_i 是站点对未知点的权重系数，$\sum_{i=1}^{n} \lambda_i = 1$，$\hat{Z}(x_0)$ 是 x_0 处的预测值，$Z(x_i)$ 是 x_i 处的测量值。它的确定是通过半方差图分析获取的，根据统计学上无偏和最优的要求，利用拉格朗日极小化原理，可推导出权重值和半方差之间的公式。

目前，克里金插值方法主要有普通克里金、简单克里金、泛克里金、协同克里金、对数正态克里金、指示克里金、概率克里金、析取克里金等。

2.3.2.1　普通克里金插值方法

普通克里金(ordinary Kriging，OK)插值方法(以下简称 OK 法)是一种基于地统计原理、以变异函数理论和结构分析为基础、在有限区域内对区域化变量进行无偏最优估计的克里金插值方法。该方法广泛应用于地下水模拟、土壤制图等领域。该方法认为空间连续变化的属性是不规则的，不能用简单的平滑数学模型来模拟，应该用随机表面恰当地描述。其使用条件是研究区变量存在空间相关性，考虑测点间的相互关系、空间分布位置等几何特征，对每个测点赋予一定的权重系数，最后用加权平均方法来估计未知的变量值。

由于地统计过程是建立在相关性和平稳性的假设条件下，因此但凡利用地统计方法进行空间要素插值，均需要先分析数据的空间变异性。半变异函数则是用于评价数据空间自相关的量化指标，决定着变量的空间结构特性，进而影响着权重系数 λ_i 的计算。假设 h 为两个样本点空间间隔距离；$N(h)$ 为分隔距离为 h 时的样本点对总数；$Z(x_i)$ 和 $Z(x_i+h)$ 分别为 x_i 和 x_i+h 处的值，$Z(x_i)$ 和 $Z(x_i+h)$ 存在某种程度的相关性。则半变异函数可表示为

$$r(h) = \frac{1}{2N(h)}\sum_{i=0}^{N(h)}\left[Z(x_i)-Z(x_i+h)\right]^2 \tag{2-14}$$

与距离权重倒数法类似，普通克里金方法也是通过对已知样本点赋权重来求得未知样点的值，但该方法还要通过变异函数和结构分析，考虑了已知样本点的空间分布及与未知样点的空间方位关系。

本书所用的 OK 法还需满足以下条件：权重 λ_i 的选取必须使 $\hat{Z}(x_0)$ 无偏估计，且估计方差 σ_e^2 小于观测值的其他线性组合的方差。计算公式为

$$\hat{\sigma}_e^2 = \sum_{i=1}^{n}\lambda_i\gamma(x_i,x_0)+\Phi \tag{2-15}$$

$$\sum_{i=1}^{n}\lambda_i\gamma(x_i,x_j)+\Phi = \gamma(x_j,x_0) \tag{2-16}$$

式中，$\gamma(x_i,x_j)$ 是 Z 在采样点 x_i,x_j 之间的半方差；$\gamma(x_j,x_0)$ 是采样点 x_j 和位置点 x_0 之间的半方差；Φ 为计算最小方差需要的拉格朗日算子。

上述两种方法插值过程中，搜索半径是影响精度的重要方面，它限制了用于计算每个内插单元值的输入样本点的数目。而影响搜索半径的两个参数是最大搜索数目(neighbors to include)和最少包含样点数(include at least)。由于离预测点太远的样点对预测无意义，因此最大搜索数目确定了插值样点数。最少包含样点

数不得超过最大搜索数目。

2.3.2.2　协同克里金插值方法

协同克里金(co-Kriging，CK)插值方法(以下简称 CK 法)以 OK 法为基础，将区域化变量的数量从一个发展到多个，相比而言，理论上两者没有本质的差别。只是 CK 法在计算交叉半方差函数和交叉协方差函数，比较复杂，但还是可以用 OK 法的推导过程来推导 CK 法相关公式。假设研究区内高程信息区域化变量的假设条件，将其作为第二类信息引入到 CK 法中，则 CK 法的公式可写成

$$Z(X) = \sum_{i=1}^{k} \lambda_i Z(X_i) + \lambda \big[t(x) - m_t + m_z \big] \tag{2-17}$$

式中，$Z(X)$ 是 X 点的插值估算值；$Z(X_i)$ 是第 i 个站点观测值；$t(x)$ 是 x 点的高程值；k 是气象站点的个数；λ_i、λ 都是 CK 的权重；m_t 是高程的平均值；m_z 是气象属性值的平均值。CK 的权重可以通过以下方程组计算：

$$\begin{cases} \sum_{i=1}^{k} \lambda_i \gamma_{zz}(X_i - X_j) + \lambda_i \gamma_{zz}(X_j - X) + \mu(X) = \gamma_{zz}(X_i - X) \\ \sum_{i=1}^{k} \lambda_i \gamma_{tz}(X - X_i) + \lambda \gamma_{tt}(0) + \mu(u) = \gamma_{zt} \\ \sum_{i=1}^{k} \lambda_i + \lambda = 1 \end{cases} \tag{2-18}$$

式中，$\mu(X)$、$\mu(u)$ 是拉格朗日算子；$\gamma_{tz}(X - X_i)$ 是第一类信息和第二类信息在 X 和 X_i 的变异函数值。其公式表示为

$$\gamma_{zt}(h) = \frac{1}{2N(h)} \sum_{i=1}^{N(h)} \big[z(x) - z(x+h) \big] \big[t(x) - t(x+h) \big] \tag{2-19}$$

由以上推导过程可知，依此类推，可以再加入第三类信息和第四类信息，本书在 OK 法基础上，选取三个环境因子作为第二类影响因子、第三类影响因子、第四类影响因子，从而进行降雨量插值优化研究。

2.3.2.3　泛克里金插值方法

区域变量的变异性由三部分组成：确定性部分、相关部分和随机部分。OK 法求变量满足二阶平稳假设或固有假定，即假定确定性部分在空间上是常量，主要是估计随机部分。对于非平稳变量，即确定性部分在空间上不是常量，必须假定其确定性部分随空间的分布，又称为漂移或倾向，对应于这种方法的最佳线形

估值过程称为泛克里金(universal Kriging，UK)插值方法(以下简称 UK 法)。UK 假设数据中存在主导趋势，且该趋势可以用一个确定的函数或多项式来拟合。在进行 UK 分析时，首先，分析数据中存在的变化趋势，获得拟合模型；其次，对残差数据(即原始数据减去趋势数据)进行克里金分析；最后，将趋势面分析和残差分析的克里金结果加和，得到最终结果。

由于均值在空间上不再是一个常数而是一个空间变量。考虑一个定义在研究区域 A 中、在位置 x 上的区域变量 $z(x)$，假定 $z(x)$ 可以用一个确定性漂移 $m(x)$ 和一个残差部分 $r(x)$ 来代表，即 $z(x) = m(x) + r(x)$，矩阵形式表示为 $Z = M + R$。通过漂移的定义，$z(x)$ 在 x 的期望值为 $m(x)$，即

$$E[z(x)] = m(x), \quad E[r(x)] = 0 \tag{2-20}$$

在这种情况下，即不能用 OK 法来计算变异函数。如果漂移函数是已知的，可以在原始资料中将漂移减去，若剩下的残差 $r(x)$ 满足固有假定，就可以用前面讨论的克里金方法来对残差进行估值，然后再将漂移加到对应位置的残差估值上去，其和就是 Z 的估计值。

假定 $m(x)$ 可以用 k 个数学函数 $p_k(x)(k = 1,2,\cdots,K)$ 的线性组合来表示：

$$m(x) = \sum_{i=1}^{K} a_k p_k(x) \tag{2-21}$$

矩阵形式表示为

$$M = PA \tag{2-22}$$

式中，a_k 是未知的系数，$p_k(x)$ 是已知的 x 函数，常用 x^{k-1} 的多项式来表达。

$$m(a,n) = b_0 a + b_1 n + b_2 a^2 + b_3 n^2 + b_4 an + b_5 \tag{2-23}$$

式中，P 为 $(n \times k)$ 多项式矩阵；n 为数据点个数；p 为漂移次数，可由多元逐步回归法确定；A 为漂移的多项式系数；R 为理论残余。

假定残差部分 $r(x)$ 满足二阶平衡条件，用 $\sigma(h)$ 来表示它的协方差函数，$r(x)$ 和 $r(x')$ 的协方差只是距离 xx' 的函数：

$$E[r(x)r(x')] = \sigma(xx') \tag{2-24}$$

矩阵形式表示为

$$E[RR'] = S \tag{2-25}$$

假定 $\sigma(h)$ 是已知的。UK 的主要问题是确定漂移部分的最佳系数 a_k。

2.3.2.4　指示克里金插值方法

多数情况下，并不需要了解区域内每一个点的属性值，而只需了解属性值是否超过某一阈值，则可将原始数据转换为二进制变量，即以 (0,1) 值表示，选用指示克里金(indicator Kriging，IK)插值方法(以下简称 IK 法)进行分析。应用二进制变量后，IK 法的预测精度超过了 OK 法。因为指示变量值是 0 或 1，所以未知点的插值结果为 0~1，因此由 IK 法获得的预测结果可以解释成变量的预测值为 1 的概率。

2.3.2.5　其他克里金插值方法

简单克里金是区域化变量的线性估计，它假设数据变化成正态分布，认为区域化变量 Z 的期望值为已知的某一常数。如果原始数据不服从简单分布，则可选取析取克里金法，它可以提供分现行估值方法。

本书在众多插值方法中挑选两类插值方法的典型代表，并且也是常用的三种气象数据差值方法，即 IDW 法、OK 法和 CK 法进行逐日降雨量的空间插值比较。

2.4　交　叉　检　验

对于不同插值方法，通常采用交叉检验法(cross-validation)进行最终结果的验证，用以评价插值方法的优劣程度。该方法应先假定某一站点的气象要素值未知，用周围站点的值来估算，通过求出站点的实际观测值与估算值之间的误差，以此来评判估值方法的优劣效果。本书选用平均绝对误差 ME(mean-absolute error)来反映数据样本的总体估计误差或精度水平，其值越小越好；均方根误差 RMSE(root-mean-square error)又称标准误差，反映样本数据的估值灵敏度和极值，其值越小越好；标准均方根误差 RMSSE(root-mean-square-standardized error)用来评估插值方法的有效性，其值越接近于 1 越好。计算公式如下：

$$\text{ME} = \frac{\sum_{i=1}^{n}(Z_i - \hat{Z}_i)}{n} \tag{2-26}$$

$$\text{RMSE} = \sqrt{\frac{\sum_{i=1}^{n}(Z_i - \hat{Z}_i)^2}{n}} \tag{2-27}$$

$$RMSS = \sqrt{\dfrac{\dfrac{1}{n}\Big[\sum\limits_{i=1}^{n}(Z_i - Z_i')^2\Big]}{\dfrac{1}{n}\sum\limits_{i=1}^{n}Z_i}} \tag{2-28}$$

式中，Z_i 是第 i 个已知点的实际测量值；$\hat{Z}_i$ 是其点的相应估算值；n 是参与检验的站点数目。

2.5 空间插值方法比较分析

气象观测站的气象数据(如降雨、温度、风速等)均是离散、局部、有限的空间点数据。要获取连续、有序的空间数据，必须通过空间插值的方法从已知点估算未知点数据。但是由于地理空间存在着空间异质特性，不可能有一个唯一确定的通用性的满足精度要求的空间插值模型。加之时间尺度的变化也会影响要素特征值的取值范围和空间变异性，如插值要素由年、月到日变量的不同时间尺度变化中，要素特征值将产生变化。因此，空间区域性问题和时间尺度问题是空间插值研究的重要因素。本书之所以选择 IDW 方法和克里金方法，是因为这两种方法分别是两类插值方法的代表，前者属于确定性插值方法，后者属于地统计插值方法。图 2-2 为插值方法比较分析流程。

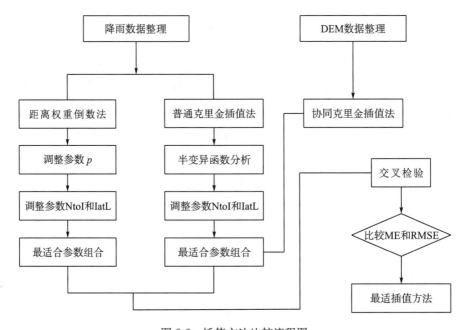

图 2-2　插值方法比较流程图

如 2.3.1 节所述，幂指数、最大搜索半径和最少样点包含数很大程度上会影响 IDW 插值方法的精度。空间插值方法比较分析包含三部分：①通过调整这三个参数，确定适合四川省逐日降雨的 IDW 方法；②在进行克里金插值之前，选择一个合适的半变异函数及其参数；③比较两种方法的 ME 和 RMSE，确认适合四川省逐日降雨量的插值方法。由于每年的降雨时间具有一定的相似性，且仅讨论 6~9 月的降雨量，因此随机选取 2004 年 4~9 月的降雨最为实验数据以比较分析插值方法的优劣程度。

2.5.1　插值数据来源

降雨因子的基础数据是来自中国逐日气象数据集中四川省 52 个气象站点 1981~2004 年逐日降雨数据，四川省 52 个气象站点的基础矢量数据，其属性表中包含国家统一的站点号、站点类型、站点名、高度海拔、站点经纬度、站点坡度和坡向，其分布如图 2-3 所示。利用适当的空间插值法进行空间降雨量插值获得灾害点逐日降雨量。

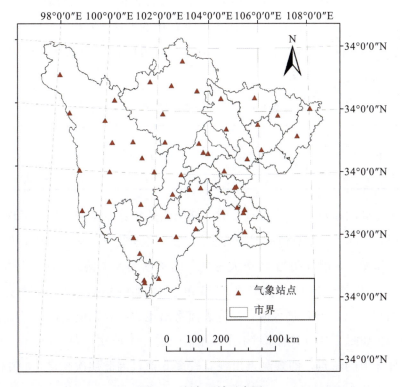

图 2-3　研究区域示意图

此外，降雨数据还利用热带降雨测量(tropical rainfall measuring mission, TRMM)卫星携带的测雨雷达(precipitation radar, PR)测量的降雨数据。TRMM 是美国和日本共同开展的热带降雨测量实验，1997 年 11 月 28 日，TRMM 卫星由日本在种子岛发射，卫星轨道高度为 350km，搭载关键的测雨雷达仪器 PR，主要进行风暴强度监测。

经过一系列的数据处理后，获得卫星合成降雨量数据集(V6)如下：

(1)空间分辨率：0.25°×0.25°；

(2)时间分辨率：3 h；

(3)格式和数据量：HDF-EOS(HDF)、138.61 GB；

(4)时间及空间范围：1998～2008 年(追加中)，180°W—180°E，50°S—50°N；

(5)主要参数：降雨和相对误差。

2.5.2 距离权重倒数法方法分析

本书将首先比较指数 P 在三种不同取值情况下的精度，分别取 1～3，同时保持另外两个参数不变。表 2-1 显示了不同 P 值的平均误差和均方根误差。当 P 值增加时，ME 将随之减小且下价格速率随 P 值的减小而减缓。RMSE 则刚好相反，随 P 值的增大而增大。

表 2-1 不同幂指数的插值精度

	$P=1$	$P=2$	$P=3$
ME	5.074	1.751	0.4433
RMSE	108	117.6	123

P 为距离的指数，当 P 接近 0 时，插值点的估算值将接近样本平均值；当 P 增大时，待测点的估算值接近于最近点的值。根据地理学第一定律，两种事物距离越近越相似，即表明当 P 增大时更有助于创建一个接近实际的栅格表面。图 2-4 中 a、b 和 c 分别表示为 P 取 1、2 和 3 时的栅格表面，空间分辨率为 1 km×1 km。可以看出，当 P 增大时，插值表面将出现"牛眼"现象，且降雨层次也逐渐增多。如图 2-4(a)只有 8 个层次，图(b)有 9 个层次，图(c)有 10 个层次。根据逐日降雨的特点，即观测点出现有较多 0 值，因此层次越多，0 值较为明显，则更为符合实际情况。

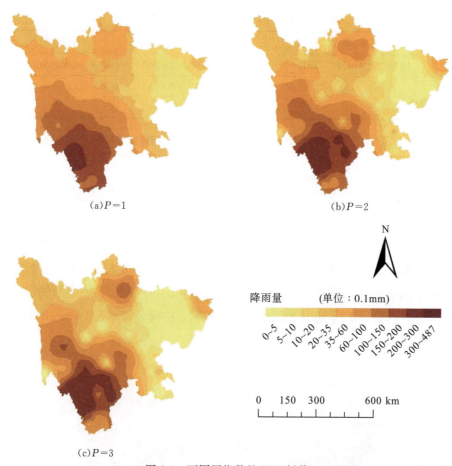

(a)$P=1$ 　　　　　(b)$P=2$

(c)$P=3$

图 2-4　不同幂指数的 IDW 插值

　　然而，IDW 除受幂指数 P 的取值影响外，精度还受最大搜索数和最少包含样点数的影响。因此，还需进一步探讨这两个参数的影响。表 2-2、表 2-3 和表 2-4 为相同幂指数下不同最大搜索数和最少包含样点数的插值误差比较，其中最大搜索数（neighbors to include）用 NtoI 表示，最小包含样点数（include at least）用 IatL 表示。

表 2-2　$P=1$ 且不同 NtoI 和 IatL 精度比较

	NtoI=10			NtoI=15			NtoI=20		
	IatL=2	IatL=5	IatL=10	IatL=2	IatL=5	IatL=10	IatL=2	IatL=5	IatL=10
ME	5.074	4.854	4.854	5.433	5.105	5.213	5.218	4.89	4.997
RMSE	108	107.8	107.8	105.1	105	105	103.9	103.8	103.7

表 2-3　　$P = 2$ 且不同 NtoI 和 IatL 精度比较

	NtoI=10			NtoI=15			NtoI=20		
	IatL=2	IatL=5	IatL=10	IatL=2	IatL=5	IatL=10	IatL=2	IatL=5	IatL=10
ME	1.751	1.585	1.657	2.027	1.861	1.933	1.951	1.785	1.857
RMSE	117.6	117.6	117.5	116.3	116.2	116.2	115.6	115.5	115.5

表 2-4　　$P = 3$ 且不同 NtoI 和 IatL 精度比较

	NtoI=10			NtoI=15			NtoI=20		
	IatL=2	IatL=5	IatL=10	IatL=2	IatL=5	IatL=10	IatL=2	IatL=5	IatL=10
ME	0.4433	0.3714	0.3935	0.5567	0.4848	0.5069	0.5211	0.4491	0.4713
RMSE	123	123	123	122.1	122.1	122	121.6	121.6	121.6

从上述三个表中可以看出，相同 P 值下，增加 NtoI 将使 ME 值增加，而 RMSE 值降低。相同幂指数和 NtoI 下，改变 IatL 几乎不会影响插值的精度。表 2-2 为相同 P 值、不同 NtoI 的插值的栅格表面，空间分辨率为 1 km×1 km（两个参数的含义）。

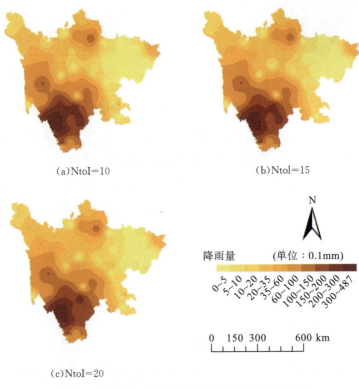

(a)NtoI=10　　　　　　　　　　　　　(b)Ntol=15

(c)NtoI=20

图 2-5　　P 值($P=1$)相同时不同 NtoI 的 IDW 插值

由图2-5 可以看出，NtoI 的提高仅影响降雨量少的地区，如四川省东部。插值预测表面的层次随着 NtoI 的增大而减少。

综合考虑 P 值、NtoI 和 IatL 对插值的误差，由于 ME 和 RMSE 两个误差值并不沿相同方向变化，即并不会随着某一参数的增大或减小而同时增大或减小。因此，三个参数的取舍将取误差折中对应的参数值。本实验中，当 $P=2$、NtoI=15、IatL=5 时，ME 和 RMSE 两个误差取值居中，故该参数组合是 IDW 插值方法在四川省 6~9 月逐日降雨量插值中的最优组合。

2.5.3　OK 法分析

地统计插值方法依赖于区域化变量理论和数学统计函数。变异函数在地统计数据分析中扮演着重要角色。因此，在进行克里金插值之前，必须选择一个有效的半变异模型和模型参数。

本书选取三个通用标准函数来拟合半变异函数建模，这三个函数分别是圆形函数（circular）、球形函数（spherical）和指数函数（exponential）。然而，拟合并比较 1981~2004 年逐日降雨量的变异函数模型将极度耗费时间。因此，本书的解决方案是比较三个函数的平均误差和均方根误差的平均值，以此评价半变异函数。保持 NtoI 和 IatL 不变，只改变拟合半变异函数的标准函数，通过比较平均多日插值后的误差 ME 和 RMSE，以评价三种标准函数的优劣。

如表 2-5 所示，平均误差所反映的结果中，三个函数的 ME 均小于 0，即说明三种函数插值结果较实测系统略小，对实测值的反应均具有一定的减小作用。均方根误差中，Exponential 函数的误差为 72.45 mm，略小于 Spherical 函数的误差 72.52 mm，因此 Exponential 函数略胜一筹。图 2-6 为 Exponential 函数拟合的半变异函数图。

经过统计，平均最大变程值为 548.4349 km，即当距离超过该值时，样点间不存在相关性。因此，在此范围中最大搜索样点数为 20 个。

表 2-5　不同函数拟合半变异函数误差精度　　　　　　　（单位：0.1 mm）

	圆形函数	球形函数	指数函数
ME	−0.14	−0.15	−0.29
RMSE	72.59	72.52	72.45

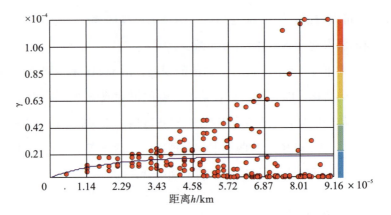

图 2-6　Exponential 函数拟合的半变异函数图

　　进一步讨论以 Exponential 函数拟合的半变异函数下，调整最大搜索样点数 NtoI 和最小样点包含数 IatL，误差结果见表 2-6。

表 2-6　不同 NtoL 和 IatL 的 OK 精度比较　　　　　　　　（单位：0.1mm）

	NtoI=10			NtoI=15			NtoI=20		
	IatL=2	IatL=5	IatL=10	IatL=2	IatL=5	IatL=10	IatL=2	IatL=5	IatL=10
ME	−0.835	−0.835	−0.835	−0.566	−0.566	−0.566	−0.581	−0.581	−0.581
RMSE	77.64	77.64	77.64	77.60	77.60	77.61	77.58	77.58	77.58

　　从表 2-6 可以看出，对于 OK 插值，IatL 的改变不会影响插值精度。NtoL 的增加首先会使 RMSE 降低，但下降幅度不大。而对于 ME 来时，变化不是单调的。当 NtoI 为 15 时，ME 最接近 0。因此，OK 法插值的参数组合中，相对插值精度较高的是选用 Exponential 函数拟合半变异函数，NtoI 为 15。

2.5.4　CK 法分析

　　CK 法的参数选取与 OK 法相同，本书选取了高程、坡度、坡向、植被指数作为辅助变量。辅助变量的选取采用 SPSS 软件分析。本部分主要是通过相关分析（表 2-7）和主成分分析（表 2-8、表 2-9）来选择辅助变量。

　　表 2-7 给出了高程、坡向、坡度和植被 4 个变量之间的相关系数，从表中的结果可以发现，坡度和植被之间有一定相关性，通过了置信度 0.05 的相关性检验，其余变量之间的相关性相对很弱。

表 2-7　变量相关系数

	高程	坡度	坡向	植被指数
高程	1			
坡度	0.05	1		
坡向	−0.069	−0.08	1	
植被指数	0.065	0.294 *	0.082	1

*：置信度是 0.05，临界值是 0.273

　　从表 2-8 可以看出，三个主成分（PC1、PC2 和 PC3）被提取出来，其积累的贡献率为 83.41%。从表 2-9 可以看出，第一主成分主要受坡度和植被的影响，并由表 2-7 得知坡度与植被之间的有相关性，而且一定的坡度影响着植被的分布，进而将第一主成分归结为坡度；第二主成分与第三主成分的坡向和高程在观测降雨过程中也起到一定的作用。因此选取坡度、坡向、高程为 CK 法的辅助变量。

表 2-8　总贡献率

主成分	贡献百分比	累积百分比
PC1	32.895	32.895
PC2	26.913	59.808
PC3	23.601	83.410
PC4	16.590	100.000

表 2-9　成分矩阵

	成分		
	PC1	PC2	PC3
高程	0.300	−0.522	0.794
坡度	0.786	−0.038	−0.315
坡向	−0.063	0.841	0.460
植被指数	0.777	0.308	0.049

2.5.5　IDW 法与 OK 法的精度比较

　　进一步比较两种方法。IDW 法的参数组合为 $P=2$，NtoI 为 15 个，IatL 为 5 个，而 OK 法选用 Exponential 函数，NtoI 是 15 个。为了更好地分析时间是否会对两种插值方法产生影响，故进一步插值试验中将把插值时间分为相应的 4 个月进行，误差计算结果如表 2-10 所示。

表 2-10　两种方法的误差分析

	ME		RMSE	
	IDW	Kriging	IDW	Kriging
6 月	0.709	−0.768	93.631	89.701
7 月	5.792	0.284	71.506	61.894
8 月	0.628	−0.141	72.858	69.223
9 月	0.487	−0.026	101.2	93.42
平均值	1.904	−0.163	84.80	78.56

　　实验中得出的平均误差 ME 和均方根预测误差 RMSE 都是根据插值结果与实际值的偏差得出的。前者表征插值结果是否存在系统误差，而均方根预测误差 RMSE 表征插值结果与实际值的偏差情况。显然，均方根预测误差 RMSE 比较符合插值结果精度的评判标准，单依靠平均值无法判断哪种方法与实际情况的偏差小。平均误差结果显示，IDW 插值对实测值有提高的作用，而 OK 法则具有降低的作用，偏差幅度较 IDW 要小。均方根误差的比较中，OK 法的误差远小于 IDW 的误差。从时间上看，插值结果并没有因为时间的不同而产生影响，4个月份的均方根误差显示，OK 法的 RMSE 均小于 IDW 方法的 RMSE。图 2-7 是最终插值结果，比较 IDW 法和 OK 法的插值预测表面，可以看出 OK 法的相对平滑。因此，经综合考虑，OK 法较为适合四川省 6~9 月逐日降雨量插值。

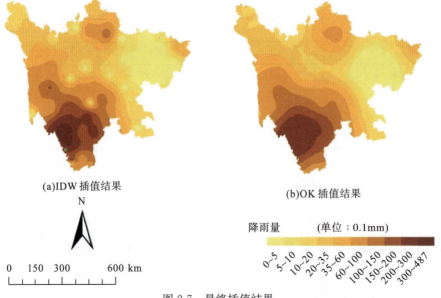

(a)IDW 插值结果　　　　　　　　　　　　(b)OK 插值结果

图 2-7　最终插值结果

本书所使用的灾害数据为 1981~2004 年泥石流灾害数据,因此在计算前期有效降雨之前,必须提取灾害点当日降雨和前 10 日降雨。在最优 OK 法的基础上,以 Visual Studio 2008 为开发平台,ArcGIS Engine 为开发工具,对 1981~2004 年逐日降雨量进行批量插值,并提取灾害点对应的当日降雨量和前 10 日降雨量。

2.5.6 CK 与 OK 的空间模拟

空间模拟,即半方差函数模型的拟合。半方差函数称为半变异函数,在地统计学研究中具有关键性,其函数拟合的好坏也影响着插值结果的准确性,半方差函数包括三个重要参数:块金值-随机因素引起的变异,基台值-系统内的变异,变程-反映变量的自相关的范围,其中系统变量空间相关性程度用块金值与基台值的比值来表示。

本书选用指数模型作为变异函数的模型进行 CK 法和 OK 法的拟合,得到的半方差拟合图如图 2-8~图 2-11 所示(纵坐标为半方差,横坐标为间隔距离)各个拟合结果的参数值如表 2-11 所示。由 4 个月份的半方差拟合图可以看出,OK 法与 CK 法在半方差图上的差异表现不是很明显,因此从表 2-11 中的拟合参数值可以看出其中的差异性,在 6 月和 9 月中,两种插值方法的差异较大,而在 7 月和 8 月中,两种插值方法的差异较小。

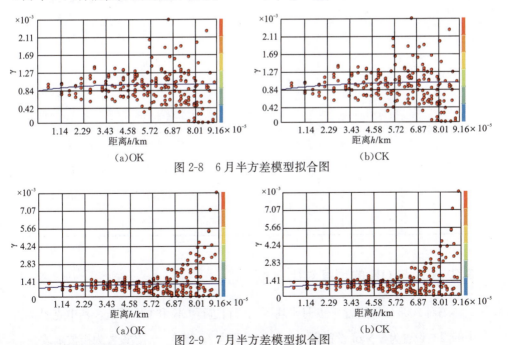

(a)OK　　　　　　　　　　　　(b)CK

图 2-8　6 月半方差模型拟合图

(a)OK　　　　　　　　　　　　(b)CK

图 2-9　7 月半方差模型拟合图

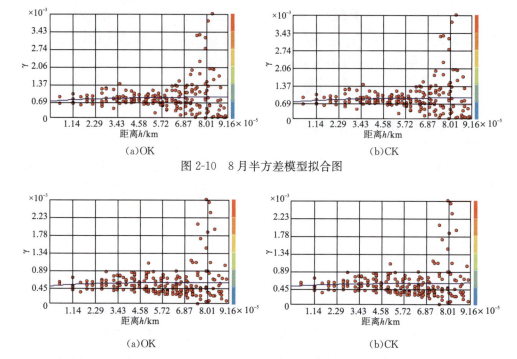

图 2-10　8 月半方差模型拟合图

图 2-11　9 月半方差模型拟合图

表 2-11　OK 与 CK 半方差拟合参数结果

方法	时间	基台值	变程	块金值
OK	6 月	157.32	541798	781.48
	7 月	334.03	904796	702.57
	8 月	181.78	904796	650.78
	9 月	96.796	641580	446.32
CK	6 月	169.37	721960	785.25
	7 月	334.11	904796	702.52
	8 月	182.77	904796	650.14
	9 月	94.291	904796	457.93

2.5.7　CK 与 OK 的精度对比

　　本书对 2003 年四川省 6~9 月平均降雨资料进行 OK 和 CK 插值，其中克里金插值中的参数设置为：NtoI 设置为 15，IatL 设置为 2，半变异函数设置为指数函数。

由于所收集的气象站点数目的限制（全省 52 个各气象站点），两种方法的比较主要通过对参与插值的气象站点进行交叉检验，获得平均绝对误差（MA）、均方根误差（RMS）和标准均方根误差（RMSS）的结果，如表 2-12 所示。

MA 和 RMS 两个误差表征实际值与插值所得到的结果值之间的关系，RMSS 误差用来表征插值方法的有效性。在三个误差对比的结果中，从整体平均来看，CK 法的精度比 OK 法稍好，但优势并不是很突出，两种插值方法在 RMS 和 RMSS 上的相差程度相对于 MA 要小；从时间上来看，6 月和 9 月在两种方法的 MA 上差别较大，7 月次之，而 8 月的两个 MA 相差很小，这也与表 2-5 所得结果相互对应。

表 2-12　CK 与 OK 的交叉检验　　　　　（单位：mm）

时间	OK			CK		
	MA1	RMS1	RMSS1	MA2	RMS2	RMSS2
6 月	0.026	2.965	0.9857	0.00432	2.937	0.9781
7 月	0.0196	2.915	1.013	0.037	2.91	1.012
8 月	0.0483	2.76	1.004	0.045	2.733	0.9954
9 月	0.0208	2.308	1.015	0.00799	2.305	1.014
平均值	0.0288	2.737	1.0044	0.0236	2.721	0.9999

为了进一步比较两种插值方法的差异，分别生成 6～9 月平均降雨的插值结果空间分布图（图 2-12～图 2-15）。直观来看，在总体上两种插值方法的结果图比较相近，只是在局部区域有一些差异，CK 相较于 OK 考虑了地形变化引入数字高程数据进一步降低降雨峰值的插值误差，8 月与 7 月的插值结果差异很小，6 月和 9 月较大，与表 2-5 的结果基本一致。比较 4 幅插值图也可以看出，7 月份的降雨量最丰富。

以上所述 CK 法优于 OK 法，原因在于 CK 法引入空间分布参数信息到降雨的空间插值，将影响地形的变化，因而比较适合四川这样的山区区域。

本书利用 CK 法获得 1981～2004 年泥石流灾害点当日降雨量和前期降雨量，并用于进行前期有效降雨量的计算。

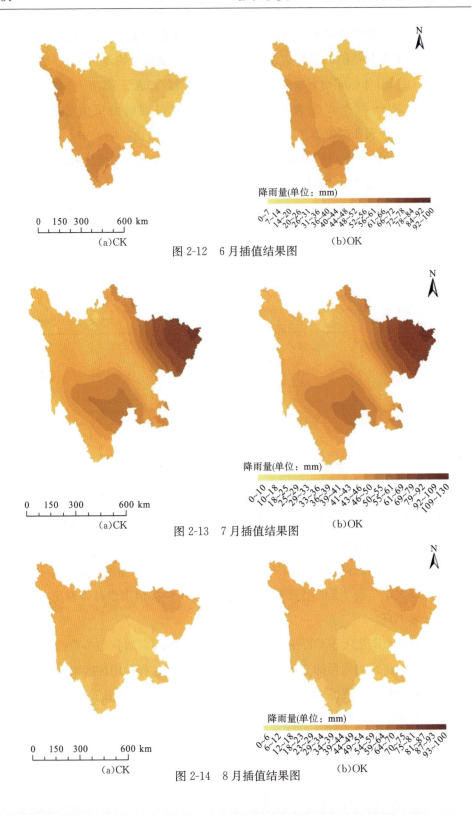

图 2-12　6 月插值结果图

图 2-13　7 月插值结果图

图 2-14　8 月插值结果图

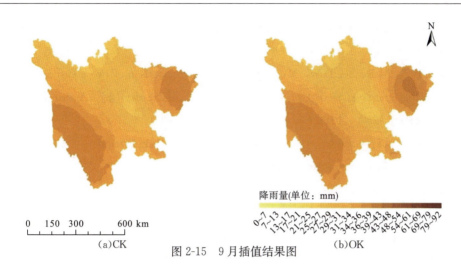

图 2-15　9 月插值结果图

2.6　小　　结

随着相关技术的不断进步，插值研究也从不同方面在不断地进行着。一方面是对于数据的改进，通过增加相关的辅助变量（如地形、地貌）提高插值精度，Nalder 等提出考虑海拔、经度和纬度的梯度变化的梯度距离平方反比法，对温度进行插值研究；Hutchinson 提出薄板局部光滑样条插值方法，依据气候要素变化受经度、纬度和海拔的影响，都获得了较好的结果。另一方面是插值模型本身的改进，如 Daly 等提出的 PRISM 模型得到了较好插值效果。基于第一方面的改进基础，考虑降雨量受到一些地形地貌的影响，引入了 CK 法，而一些学者在气温、土壤养分等变量插值中取得了较好的结果，Rivoirard 曾提出 CK 法在理论上优于其他的插值法；查良松等考虑样本点的空间位置和影响气温的海拔、纬度和经度采用 CK 指数模型对气温进行空间插值，结果优于其他方法。

所以，对于一定区域的空间插值，其中加入了许多辅助因素和相关技术，所以有最优的方法，但最好的方法很难确定。

参 考 文 献

[1] 冯锦明，赵天保，张英娟. 基于台站降水资料对不同空间内插方法的比较[J]. 气候与环境研究，2004，9(2)：262−276.

[2] 储少林，周兆叶，袁雷，等. 降水空间插值方法应用研究——以甘肃省为例[J]. 草业科学，2008，25(6)：19−23.

［3］ 高歌，龚乐冰，赵珊珊，等. 日降雨量空间插值方法研究［J］. 应用气象学报，2007，18（5）：732-736.

［4］ Price D T, McKenney D W, Nalder I A, et al. A comparison of two statistical methods for spatial interpolation of Canadian monthly mean climate data［J］. Agriculture Forest Meteorology, 2000, 101(2-3): 81-94.

［5］ Chen D, Ou T, Gong L, et al. Spatial Interpolation of Daily Precipitation in China: 1951-2005［J］. Advances in Atmospheric Sciences, 2010, 27(6): 1221-1232.

［6］ 邬伦，刘瑜，张晶，等. 地理信息系统——原理、方法和应用［J］. 北京：科学出版社，2001：183-185.

［7］ 张景雄. 地理信息系统与科学［M］. 武汉：武汉大学出版社，2010.

［8］ 魏义坤，杨威，刘静. 关于径向基函数插值方法及其应用［J］. 沈阳大学学报，2008，20（1）：7-9.

［9］ 汪俊，高金耀，吴招才，等. 局部多项式插值方法在多源海底沉积厚度数据融合中的应用［J］. 海洋科学，2009. 33(4)：25-28.

［10］ 王政权. 地统计学及在生态学中的应用［M］. 北京：科学出版社，1999，1-4.

［11］ Matheron G. Principles of geostatistics［J］. Economic Geology, 1963, 58: 1246-1266.

［12］ Oliver M A, Webster R. A method of interpolation for geographical information systems［J］. International Journal of Geographic Information Systems, 1990, 49(4): 313-332.

［13］ 王艳妮，谢金梅，郭祥. ArcGIS 中的地统计克里格插值法及其应用［J］. 软件导刊，2008，7(12)：36-38.

［14］ 石朋，芮孝芳. 降雨空间插值方法的比较与改进［J］. 河海大学学报，2005，33(4)：361-365.

［15］ 杨功流，张桂敏，李士心. 泛克里金插值法在地磁图中应用［J］. 中国惯性技术学报，2008，(16)2，162-166.

［16］ Hold away M R. Spatial modeling and interpolation of monthly temperature using Kinging Clim［J］. Res, 1996, 24: 1835-1845.

［17］ 朱会义，刘述林，贾绍凤. 自然地理要素空间插值的几个问题. 地理研究，2004，23(4)：425-432.

［18］ Collins F C, Bolstad P V. A comparison of spatial interpolation techniques in temperature estimation. 1999, In Third International Conference/Workshop on Integrating GIS and Environmental Modeling, 1996: 21-25.

［19］ Nalder I A, Wein R W. Spatial interpolation of climate normals: Test of a new method in the Canadian boreal forest［J］. Agric For Meteorol, 1998, 92: 211-225.

[20] Hutchinson M F. The application of thin-plate smoothing splines to continent-wide data saaimilation[J]. Jasper J D(ed.), Data Assimilation Systems BMRC Res Report, Melbourne: Bureau of Meteorology, 1991, 27: 104—113.

[21] Daly C, Johnson G L. PRISM spatial climate layers: their development and use[C]. Short course on topics in applied climatology, 97th Ann Meeting am Meteorological Soc, 1999, 10—15.

[22] Rivoirard J. On the structural link between variables in kriging with external drift[J]. Mathematical Geology, 2002: 34: 797—808.

[23] 查良松, 陈晓红, 吉中会, 等. 1970~2008 年安徽省气温时空格局变化[J]. 地理研究, 2010, 29(4): 640—644.

第 3 章 泥石流危险性区划方法

3.1 概 述

泥石流的危险性评价是在流域范围内对造成泥石流的影响因素进行综合分析，对泥石流的活跃性及危险程度作定量的评价，以反映泥石流发生概率的大小和发生规模的大小。

泥石流危险性区划主要是通过对历史灾害活动程度和影响灾害活动的各种条件的综合分析，将研究区划分为不同危险程度的子区以确定灾害发生的密度、概率及可能发生灾害的位置和范围。本书将以数字高程模型 DEM、AVHRR 数据产品、MODIS 遥感数据产品、土壤类型数据等为基础，GIS 技术为支持，在不考虑单个泥石流形成机理的情况下，从宏观的角度分析四川省泥石流的危险性，建立不同危险等级的危险性子区，为子区泥石流预测模型提供方向性的指导。

3.2 危险性区划方法研究进展

早在 20 世纪三、四十年代，国外学者已经开始对泥石流危险度进行定量化研究。直至 70 年代，日本学者足立胜治提出了泥石流危险度等级划分。但是当时的研究仅考虑了泥石流发生的频率，具有较大的局限性。80 年代后，美国地质工程师 Kovaçs 和 Hollingsworth 提出了泥石流危险度评价体系，将评价体系分为 5 个等级，并用分析后影响因子线性叠加的方法计算危险度。此时，危险度的研究已不仅仅局限于灾害发生频率，还考虑了环境因子的影响程度。20 世纪 90 年代后，RS 技术和 GIS 技术的发展为危险区划研究提供了更为高效的手段。并且随着研究逐渐注重交叉学科的结合，危险性区划研究更具有实用性。我国对泥石流危险性区划的研究始于 20 世纪 80 年代。早期受限于数据获取，只能对泥石流沟单体的危险程度进行评价。80 年代中后期，由于引入了数学方法，使得危险度的划分和评估更加客观和量化。例如，刘希林等对区域泥石流危险性评估进行了研究，给出了 8 个指标性的计算公式，并提出了判断泥石流危险程度和评估泥石流泛滥堆积范围的统计模型。90 年代后，研究者更多的是考虑评价因子的选取及评价因子权重的确定。研究已由过去使用大量具有重复意义的环境因子，发展为现在考虑具有针对性和主导性的环境因子。近年来多以 GIS 技术和 RS 技术提取相应的区划地学因子为主，并结合评价方法对研究区进行危险性评价。

评价因子提取和权重的确定是危险性区划的重要内容。目前，提取评价因子的方法有两种。一种是基于区域内每一条泥石流沟进行环境背景因子定量描述。例如，利用 GIS 技术获取每条泥石流沟的流域面积、沟床比降、长度、松散堆积物贮量和所处的位置、坡度、坡向、植被覆盖度和地质条件参数。但这种方法的缺点是要求识别出区域内的每条泥石流沟。另一种是直接提取区域栅格点的环境背景因子，即直接获取区域内每个栅格点处的地形高程、高差、坡度、岩土类型、植被类型、植被覆盖度等因子的值。在分析环境背景、降水和泥石流关系时，需要对大量环境背景因子进行筛选，并引入降水和泥石流关系的分析模型中来。

危险性区划的研究方向主要有以下三个：

(1)直接综合各环境因子进行区划。将全国大区域划分为三等级的若干个小区域，认为区域内的环境是一致的，并对每个子区的危险程度分等定级。此种方法是基于长期的地质调查研究及经验工作人员的判读分析而形成的适合较大尺度的危险性区划。

(2)利用权重系数分配模型，将大量环境因子综合为一个环境指数。首先针对每个因子进行分级并做栅格化处理，确定每个分级针对泥石流发生的影响程度，再确定每个因子的权重系数，最后将这些因子依据权重系数进行累加，得到一个综合的环境背景参数空间分布数据。权重的大小应该是影响因子对泥石流的发育程度、影响大小的指标。确定权重系数的方法有专家打分法、层次分析法、主成分分析法、灰色关联度分析、人工神经网络法、模糊数学、支持向量机、由 Shortliffe 和 Buchanan 提出的基于不确定性推理的确定系数(CF)法等。

(3)利用信息量模型的方法将实测值转换为信息量值来反映各因子影响程度的大小。信息量的大小代表了环境背景有利于泥石流发生程度的大小。该方法适合中小比例尺区域地质灾害危险性预测。

3.3 区划因子选取

3.3.1 危险性区划依据

危险性区划的准确性在一定程度上依赖于评价数据的准确性。影响评价数据准确性的因素不仅包括数据处理过程中的误差，还包括所选取的评价因子是否能反映研究区下垫面的情况，即研究区地质、地形地貌、土壤、植被等影响因素。尤其要考虑选取哪种类型的因子，如何将区划过程中所使用的定性指标或半定性指标转换为定量指标。

通常，危险性区划所选用的影响因子都是借鉴大量前人的研究成果。因子选取原则是：根据研究区域环境特点，全面考虑影响灾害发生的因子。侧重主导要素，有层次地进行要素的选择。评价因子主要包括两类：基本因子和影响因子。基本因子指研究区内本身固有因子，如地质、地形地貌、土壤类型。而影响因子指外部影响因素，如地震、植被覆盖度、土地利用类型等。影响泥石流形成的自然因素众多，历史上泥石流发生的次数、分布范围、活动规模都直接反映了其发育背景环境的地层岩土特性、地形地貌、降雨环境对泥石流的影响和控制作用。此外，土地利用、人为活动等因素也对泥石流的形成具有一定程度的影响。

通过对研究区域内泥石流灾害主要成因分析和发育特征，综合国内外常采用的评价因子，兼顾因子数据的可获取性、可靠性和经济性。

3.3.2 区划因子数据来源

3.3.2.1 SRTM-DEM 数据

SRTM 高程数据是 2000 年 2 月由美国国防部国家图像测绘局（National Imagery and Mapping Agency's，NIMA）和航空航天署（National Aeronautics and Space Administration，NASA）共同主持实施的一项称为"航天飞机雷达地形测量（shuttle radar topography mission，SRTM）计划"的数据产品，经过两年时间对获取的雷达影像数据进行处理，最终制成了数字地形高程模型。该数据包含 SRTM1 和 SRTM3 两种不同空间分辨率的数据，分别对应 30 m 和 90 m 空间分辨率的两种地形数据，而 NASA 只能向人们提供 90 m 分辨率的数据。其测量范围为 56°S～60°N，约占全球区域的 75％。数据覆盖的陆地有 50％以上的区域被覆盖三次以上，目的是通过两种不同视角的观测填补由于各种遮蔽造成的资料空缺。由于采用了地心坐标，一致的传感器、数据处理方法和采集时间，因此是第一个统一海、陆及世界各地地形数据的数据集。

SRTM-DEM 数覆盖了我国全境，数据的开放性和免费性使得数据被广泛用于地质地球物理研究、土木工程和土地规划研究、飞行模拟、气象要素空间化、陆地表层过程研究等。原始的 SRTM-DEM 数据存在很多空洞，因此该计划实施以来，世界各国都对原始数据进行了后处理，并开发了大量的数据空洞填补工具。

本书所使用的 DEM 高程数据的空间分辨率为 90 m，垂直精度为 16 m。投影为 WGS1984 坐标系统，基准面为 D_WGS1984。

通过 DEM 数据可以计算出相对高差、坡度、坡向、河网密度等数据。

3.3.2.2　MODIS 数据产品

中分辨率成像光谱仪 MODIS(MODerate-resolution imaging spectroradiometer)是环境遥感卫星 Terra 和 Aqua 上搭载的对地观测仪器。在两颗星的相互作用下，每 1～2 天可重访地球上同一观测点。由于 NASA 对 MODIS 实行的免费获取政策，加之该数据涉及范围广，数据空间分辨率得到较大改进，使得 MODIS 数据成为地球科学研究中广泛使用的数据类型之一。尤其在陆地、大气和海洋专题研究中具有较高的使用价值。

本书所使用的 MODIS 数据产品有两类：①MOD13Q1，250 m 空间分辨率16 天合成的植被指数数据；②MOD12，土地覆盖/土地覆盖变化数据。MODIS为植被指数产品(MOD13)，该产品包含两种植被指数，分别是归一化植被指数(NDVI)和增强型植被指数(EVI)。本书将使用空间分辨率为 250 m、16 天合成的 NDVI 产品计算植被覆盖度。MODIS 土地覆盖/土地覆盖变化产品(MOD12)空间分辨率为 1 km。

3.3.2.3　AVHRR 数据产品

高级甚高分辨率辐射仪(advanced very high resolution radiometer, AVHRR)是装载在美国国家海洋与大气局所属的机柜环境卫星(national oceanic and atmospheric administration，NOAA)系列上的主要探测仪器。其星下点分辨

率为 1.1 km，两条轨道可以覆盖我国大部分国土，三条轨道可完全覆盖我国全部国土。该数据资料的应用主要有两个方面：一是大尺度区域（包括国家、洲乃至全球）调查；二是中小尺度区域的调查，这方面的应用主要是利用 AVHRR 数据来获得宏观的、实时的、能达到一定精度的地面信息。

由于 MODIS 数据产品始于 2000 年，而所研究的泥石流历史灾害始于 1981 年，加之考虑到灾害发生点与相应植被覆盖度在时间上的吻合性，故本书才用 AVHRR 的 NDVI 数据来弥补 MOSIS 数据在时间上的不足。数据来自中国西部环境与生态科学数据中心——长时间序列中国植被指数数据集。考虑到云覆盖的影响，该数据集的 NDVI 数据产品在 8km 空间范围内比较连续的 8～11 天的 NDVI 数据，提取最大值作为区域 10 天合成的 NDVI 值。其中，选取最大值主要是为了消除云和污染物对 NDVI 数值的影响，并且合成过程中只考虑天顶角小于 42°的像元，以减小空间失真和扫描边界双向偏差影响。

根据我国制图投影要求，省区图采用正轴等面积割圆锥投影——Albers 投影（Albers conical equal area），因此，为了方便面积计算，本书将各类数据经投影坐标系统的转换，统一至 Albers 投影坐标系统。投影参数如表 3-1 所示。

表 3-1　投影参数

参数名	数值
参考椭球体	Krasovski
大地水准面	WGS-84
中央经线	东经 105°
第一标准纬线	北纬 25°
第二标准纬线	北纬 47°
中央经线	0°
单位	Meter
东向偏移量	0
北向偏移量	0

3.3.2.4　土壤类型数据

土壤是一种重要的自然资源，是农业不可缺少的发展基础，同时也是地质灾害研究的重要环境因素。土壤为泥石流提供了丰富的固体物质。四川省的土壤类型具有多样性，共有 8 个土纲、25 个土类，该地区东西部的土壤有着明显的区别，也致使土壤的抗剪强度有所差异。本书采用"中国土壤数据库"中中国土壤专题图子库的 $1:10^6$ 四川省土壤类型数据，主要包括土壤类型名称、面积、分布等信息，数据类型为矢量型数据。"中国土壤数据库"是由南京土壤研究所和中国生态系统研究网络陆地生态站共同获取与监测的数据源来完成的，是拥有自主版权的公开出版物。

3.3.2.5 土地利用数据

土地利用不同于以上的环境因素，土地利用是人为活动所造成的一种环境因素，也在逐渐影响着地质灾害的发生。社会经济发展迅速，城市的发展过程中需要大量的工程建设，许多土地就会被不合理地利用，导致土地不断沙化，这也成为泥石流的物质来源。本书采用 $1:10^5$ 四川省环境监测中心站的土地利用类型数据，利用 ENVI 软件对 1995 年和 2005 年的土地利用 TM 影像进行目视解译和监督分类，经过一系列识别、修改及野外验证，最后得到 1995 年和 2005 年土地利用类型的矢量数据文件。土地利用类型包括土地编号、土地名称和土地分类级别。

3.3.2.6 历史地震数据

泥石流高发区往往存在于强烈地震区和新构造运动活跃区，地震可通过为泥石流的发生提供固体物质来源、水源、激发条件等来影响泥石流的形成和发展，地震引发的泥石流具有滞后性、周期性、区域性和多沟同时暴发的特点。

本书所使用的地震灾害历史数据来自中国地震台网中心下载地震目录，目录中包括日期、经度、纬度、深度和震级。

3.4 区划因子分析

3.4.1 地貌因子

3.4.1.1 高程因子

就研究区而言，地势由西向东逐渐降低，且由西北向东南倾斜。由于四川省地形复杂多样，包含了高原、平原、山地、丘陵和盆地 5 种地貌单元，因此高程变化范围大，海拔由 6456 m 降至 172 m。地势的起伏悬殊使得地貌结构不稳定，为泥石流物质提供了一定的势能，为地质灾害的发生奠定了物质基础。西北部高原区，相对高差较小，结构相对稳定，因此泥石流少有发生。中部及南部为山地，地形复杂，相对高差变化大，加之地质构造运动强烈，是泥石流集中发生的地区。而四川盆地及其东部丘陵地区地势平缓，故泥石流发生频率较低。泥石流灾害点位置和发生频数与高程关系统计情况如图 3-1 所示。统计表明，灾害主要发生在海拔 250~2250 m，随着海拔的增长，灾害发生频率减小。

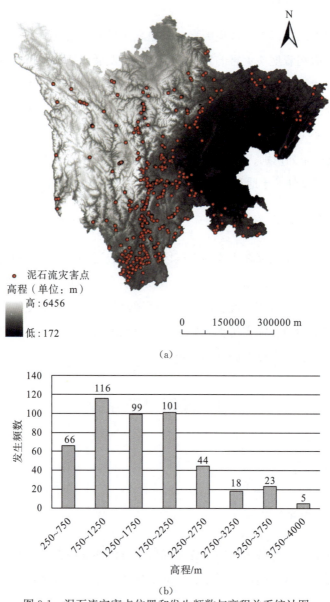

(a)

(b)

图 3-1　泥石流灾害点位置和发生频数与高程关系统计图

3.4.1.2　坡度因子

地表面任一点的坡度指过该点切平面与水平面的夹角，它表示了地表面在该点的倾斜程度。坡度的大小影响着地表物质流与能量转换再分配的规模和强度。土壤发育、植被种类与分布以及土地利用类型也受限于坡度。坡度的改变使得土壤的稳定性和地表水动力也随之改变。一般情况下，随着坡度的不断增大，降水的冲刷能力和侵蚀强度也随之增强。不同地区的坡度陡缓程度对泥石流的发育起着制约作用。高差虽然对松散物势能有影响，但沟谷坡降对泥石流的运动速度、径流、堆积的制约作用更大，是影响地表物质流动的重要因子。平原地带，坡度平缓，不具备泥石流形成的动力条件，因此四川盆地几乎不会发生泥石流。泥石流灾害点位置和发生频数与坡度关系统计结果见图 3-2。统计结果表明，并不是坡度越大，泥石流发生频率就越高。其主要发生灾害的坡度集中在 0°～10° 和 20°～25° 两个范围。当坡度超过 50° 后，几乎不会发生泥石流灾害。

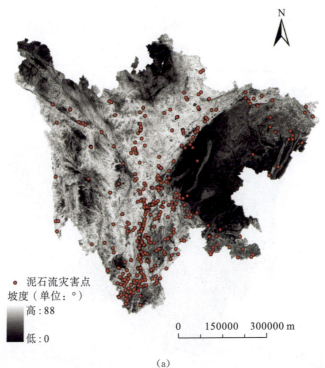

(a)

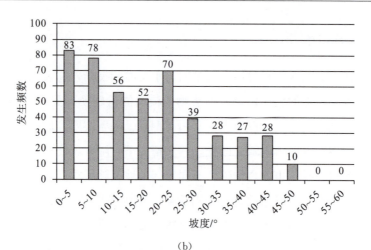

(b)

图 3-2　泥石流灾害点位置和发生频数与坡度关系统计图

3.4.1.3　坡向因子

坡向指高度变化比率最大值的方向，影响着地面光、水和热资源的分配，进而也影响土壤、岩石、植被等因子。尤其是阳坡，太阳辐射强、辐射时间长、昼夜温差大等特性导致该坡向冰雪消融快，风化速度快且作用强烈，因此形成了大量松散固体物质，为泥石流的发生提供了先决物质条件。根据八分法的方向分

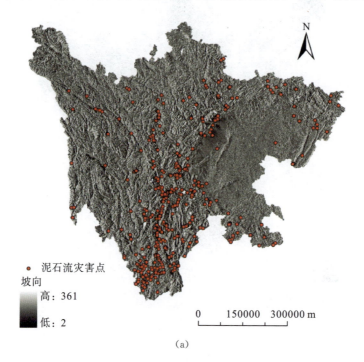

● 泥石流灾害点

坡向

高：361

低：2

0　　150000　　300000 m

(a)

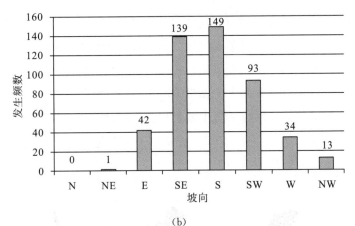

(b)

图 3-3　泥石流发生位置分布、数量与坡向关系统计图

类：北（0°～22.5°和 337.5°～360°）、北东（22.5°～67.5°）、东（67.5°～112.5°）、南东（112.5°～157.5°）、南（157.5°～202.5°）、南西（202.5°～247.5°）、西（247.5°～292.5°）和东西（292.5°～337.5°）。图 3-3 为泥石流发生位置、数量与坡向关系统计图。结果显示，灾害发生集中在东坡和东南坡向。

3.4.2　水文因子

3.4.2.1　汇流积累量

水文因子中，除降雨量以外，水流汇积量对泥石流也具有重要作用。由于地表径流总是由高处往低处流，在汇流和下渗的过程中，增大了土壤的含水量。当水流汇积到一定程度，超过土体的承载力时将发生泥石流。汇流累积量是一个度量流水汇集的指标，其数值矩阵表示研究区内每点的流水累积量。本书将通过统计汇流累积量与泥石流历史数据的关系，探讨在何种水流累积程度下发生泥石流概率最高。

汇流累积量数值矩阵表示区域地形每点的流水累积量。在地表径流模拟过程中，根据水流方向计算汇流累积量。其计算的思想是：规则格网所表示的数字高程模型每一单元有一个单位的水量，按照自然水流从高处流往低处的自然规律，根据研究区地形的水流方向数据计算每一单元所流过的水量数值。

本书将在 ArcGIS 水文模块（hydrology）的支持下，以 DEM 数据为基础，计算汇流累积量。由于洼地区域是区域地形的集水区，将使得水流方向的计算出现

不合理的地方，因此首先提取研究区中洼地并去除。其次，将去除洼地的 DEM
数据用于计算水流方向。通过水流方向和无洼地的 DEM 计算汇流累积量，并提
取泥石流灾害点相应的数值。汇流累积量是一个没有单位的量，对于每个栅格单
元来说，其大小代表上游有多少个栅格的水流方向最终汇流经过该栅格。汇流累
计的数值越大，表明该地区越易发生地表径流。统计结果表明，并不是累积量越
大，灾害发生的频率越大。在 0°～50°共发生了 130 起，就说明灾害发生地区并
不容易产生径流，下渗作用更为强烈(图 3-4)。

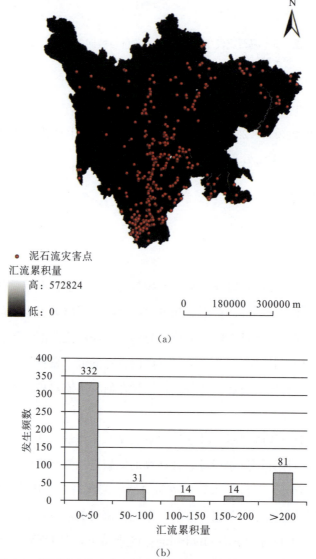

图 3-4　泥石流灾害点位置和发生频数与汇流累积量的关系统计图

3.4.2.2　沟谷密度

沟谷密度是描述地面被沟壑切割破碎程度的一个指标。沟谷密度是气候、地形、岩性、植被等因素综合影响的反映。沟谷密度越大，地面越破碎，平均坡度增大，地表物质稳定性降低，且易形成地表径流，加剧土壤侵蚀。因此，沟谷密度的测定对于了解区域地形发育特征、水土流失监测、水土保持规划有着重要的意义。

沟谷密度也称沟壑密度或沟道密度，指单位面积内沟壑的总长度，以 km/km^2 为单位，数学表达为

$$D_S = \frac{\sum L}{A} \tag{3-1}$$

式中，D_S 指沟壑密度；$\sum L$ 指样区内的沟壑总长度(km)；A 指特定样区的面积(km^2)。

沟网密度描述了地面的破碎程度，也反映了泥石流流通的路线，离河道主沟越近，泥石流临空条件就越充足，因此，河流切割程度对泥石流发育具有重要的控制作用，主沟分布密度大的地区不但地面破碎程度大，导致松散琐屑物多，而且相应的汇水面积也较大，从而可以产生足够的水源动力，导致泥石流的发生(图 3-5)。

(a)

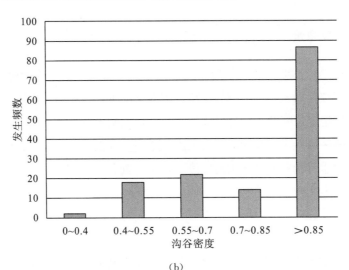

（b）

图 3-5　泥石流灾害点位置和发生频数与沟谷密度的关系统计图

3.4.3　植被因子

植被具有涵养水源的特性，可降低泥石流发生的可能性，是重要的环境因子。植被的林冠层、灌草层、枯枝落叶与植物根系通过截持降水以减少降水的冲刷，固定土壤以提高土体的抗蚀抗冲性。植被覆盖度低的地区，岩石土壤的风化程度较高，受河流侵蚀强度大，土体稳定性差，容易爆发泥石流灾害。因此植被的覆盖度有助于从另一侧面分析植被与泥石流的关系。

植被覆盖度（f）指植被冠层的垂直投影面积与土壤总面积的比，即植土比。一般情况下，高植被覆盖度可减少形成泥石流的物质来源，防止土壤侵蚀，分散地表径流，减少径流量，削弱或根除泥石流的发生。此外还能保护经济措施，限制泥石流危害范围。

在考虑计算难度和可操作性的基础上，本书采用最简单且最常用的像元二分法计算植被覆盖度。然而采用该方法计算植被覆盖度时，要充分考虑植被指数对土壤的敏感性和混合像元的影响。理想的植被指数不仅要能很好地区分植被和土壤，还要兼顾土壤湿度、大气等的影响。基于前人的研究，归一化植被指数 NDVI 不仅符合像元二分模型的条件，还与植被覆盖度有良好的相关性。虽然该指数土壤背景变化比较敏感，但像元二分模型能够弥补这一不足。

采用 NDVI 指数计算植被覆盖度的计算公式为

$$f = (\text{NVDI} - \text{NDVI}_{\min}) - (\text{NVDI}_{\max} - \text{NDVI}_{\min}) \tag{3-2}$$

式中，NDVI 为所求像元的植被指数；$NDVI_{min}$ 和 $NDVI_{max}$ 分别为研究区域植被指数最小值和最大值。实际应用中，由于没有实测数据，因此需要取一定置信度范围内的 $NDVI_{min}$ 和 $NDVI_{max}$。本书取 NDVI 值累积百分率为 5% 的 NDVI 值为 $NDVI_{min}$，取累积百分率为 95% 的 NDVI 值为 $NDVI_{max}$。植被覆盖度将随着时间和空间的变化而变化，因此本书以灾害点发生时间为基础，以 AVHRR 植被指数产品和 MODIS 16 天合成的植被指数数据提取相应时间灾害点的归一化植被指数。图 3-6 泥石流灾害位置和发生频数与植被覆盖度的关系统计图，结果显示，泥石流多发地区植被覆盖度为 40%~60%。

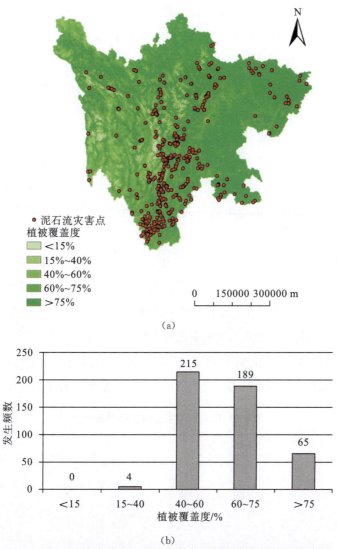

图 3-6　泥石流灾害位置和发生频数与植被覆盖度的关系统计图

3.4.4 土壤因子

固体松散物质是泥石流发生的物质条件。四川地域辽阔，土壤类型丰富，包含铁铝土、淋溶土、半淋溶土、初育土、半水成土、水成土、人为土和高山土 8 个上纲又细分为赤红壤、红壤、黄壤、黄棕壤、黄褐土、棕壤、暗棕壤、棕色针叶林土、燥红土、褐土、紫色土、石灰土、新积土、水稻土等共 28 个土类。平原和丘陵主要为水稻土、冲积土、紫色土等。高原、山地依海拔分别分布不同土壤。

紫色土，系侏罗纪、白垩纪、三叠系等紫色岩风化发育而成，是四川分布面积最广的土壤之一。黄壤、黄棕壤与黄褐土由石灰岩、砂岩、页岩、变质岩和第四纪砾石在中亚热带四季分明的湿热条件下风化发育而成，主要分布于四川盆地四周的山地。赤红壤红壤及黄红壤由花岗岩、变质岩、砂、泥岩和第四纪老沉积物在长期干湿季分明的湿热条件下风化而成，遍布于川西南山地河谷。棕壤主要分布于川西山地、川西南山地和四川盆地四周的山地。暗棕壤分布在四川盆地西缘山地迎风坡地形雨区和川西南山地区。

在空间分布上，四川省泥石流发生地点与大降雨分布区相一致，整体上沿南北方向呈条带状分布，具有明显的区域性。而通过对四川省土壤分布的分析，可发现该条带状分布(泥石流发生地点)的地域与四川省铁铝土、淋溶土分布的地域高度吻合。

铁铝土纲包括的黄红壤、赤红壤、红壤，淋溶土纲包括的黄棕壤、暗棕壤、棕壤等类型土壤，(抗剪)强度都比较低，均小于1，若遭较长时间的大降雨，土体充分浸润，重力陡增，在一定的地形(坡度、高差、沟谷)条件下，就会崩塌、滑坡，加之水力冲刷、推动，就会引发泥石流。

表 3-2 为土壤类型抗剪强度，土壤类型和泥石流发生频数关系统计图(图 3-7)表明紫色土、黄壤、黄棕壤、红壤和褐土发生泥石流的频率较高。

表 3-2 四川省主要土壤类型抗剪强度 （单位：kg/cm²）

土壤类型	抗剪强度均值	土壤类型	抗剪强度均值
石灰土	1.51	棕壤	0.61
褐土	0.84	黄棕壤	0.58
红壤	0.71	紫色土	0.52
赤红壤	0.65	暗棕壤	0.41
黄壤	0.64		

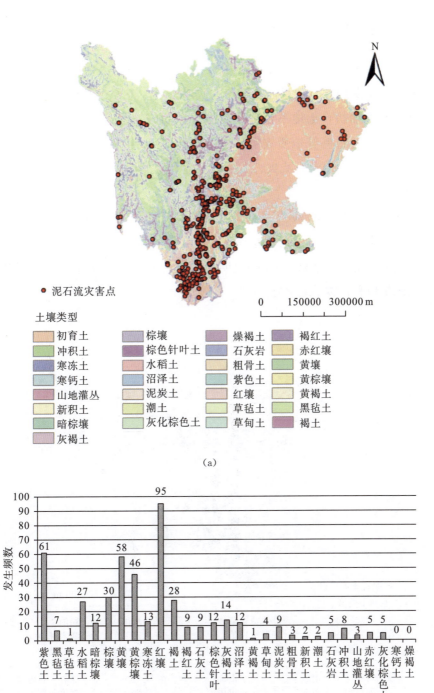

(a)

(b)

图 3-7　泥石流灾害位置和发生频数与土壤类型的关系统计图

3.4.5　土地利用类型因子

除自然因素外，人类对自然界的干涉越来越严重，人为因素也成为影响泥石流的一个重要因素。随着社会经济的快速发展、工程建设和人口膨胀，土地资源开发速度加快，土地不合理利用的现象也越来越严重，导致地质环境恶化，从而引发泥石流等地质灾害。本书利用 1995 年和 2005 年的土地利用数据，提取相应时间的泥石流灾害发生区土地利用类型，作为危险区划的人为影响因子。

不同土地利用类型反映了相应地区生态系统的稳定性。不合理的土地利用将加速土地沙化，导致松散沉积物的堆积，为泥石流的发生提供先决物质条件。土地利用类型数据统计结果（图 3-8）表明，坡度大于 25°的旱地发生泥石流次数最多，山地旱地和丘陵旱地次之。

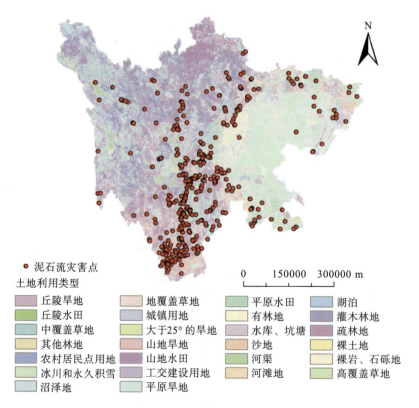

（a）

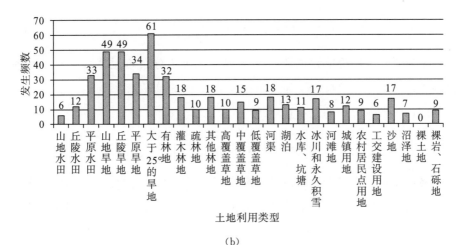

(b)

图 3-8　泥石流灾害位置和发生频数与土地利用类型的关系统计图

3.5　基于信息量的泥石流危险性区划

3.5.1　信息量模型方法

信息量模型是由信息论发展而来的一种灾害危害性评价方法。早期被应用于探矿领域，后逐渐应用于地质灾害的空间预测和灾害危险性评价。该模型以已知灾害区影响因子为依据，推算危害因子的信息量。计算公式为

$$I(Y,x_1x_2\cdots x_n) = \ln \frac{P(Y,x_1x_2\cdots x_n)}{P(Y)} \tag{3-3}$$

式中，$I(Y,x_1x_2\cdots x_n)$ 为影响因子组合 $x_1x_2\cdots x_n$ 对灾害所贡献的信息量；$P(Y,x_1x_2\cdots x_n)$ 为 $x_1x_2\cdots x_n$ 影响因子组合下灾害发生的条件概率；$P(Y)$ 为灾害发生的概率。根据条件概率可得

$$I(Y,x_1x_2\cdots x_n) = I(Y,x_1) + I_{x_1}(Y,x_2) + \cdots + I_{x_1x_2\cdots x_{n-1}}(Y,x_n) \tag{3-4}$$

式中，$I_{x_1}(Y,x_2)$ 为因子 x_1 存在时因子 x_2 对灾害贡献的信息量。模型建立过程如下。

首先，计算单一影响因子 x_i 对灾害事件的（H）提供的信息量 $I(x_i,H)$，即

$$I(x_i,H) = \ln \frac{P(x_i \mid H)}{P(x_i)} \tag{3-5}$$

式中，$P(x_i \mid H)$ 为灾害分布下出现 x_i 的概率；$P(x_i)$ 为研究区内出现 x_i 的概率。而实际应用中，往往以样本频率的计算来替代烦琐复杂的理论计算。公式为

$$I(x_i, H) = \ln \frac{N_i/N}{S_i/S} \qquad (3\text{-}6)$$

式中，S 为研究区评价单元总数；N 为研究区灾害分布单元总数；S_i 为研究区评价因子 x_i 的单元总数；N_i 为分布在因子 x_i 内的单元总数。

其次，各影响因子的总信息量 I_i 为

$$I_i = \sum_{i=1}^{n} I(x_i, H) = \sum_{i=1}^{n} \ln \frac{N_i/N}{S_i/S} \qquad (3\text{-}7)$$

最终，用总信息量来表示该单元影响灾害发生的综合指标。当 $I_i < 0$ 时，该单元发生灾害的可能性小于平均发生灾害的可能性；当 $I_i = 0$ 时，该单元发生灾害的可能性等于平均发生灾害的可能性；当 $I_i > 0$ 时，该单元发生灾害的可能性大于平均发生灾害的可能性，即意味着信息量的值越大，发生灾害的可能性越大。

本方法在泥石流危险性区划部分首先将每种影响因子等定级，然后利用信息量模型分别计算每一级别的信息量，形成每种影响因子的信息量图层。计算期间，每种因子将转换为 1 km×1 km 的栅格单元图层。最后对不同影响因子图层间对应栅格单元的信息量进行累加，得出综合的信息量图，即泥石流危险性区划图。

危险性区划的流程如图 3-9 所示。

图 3-9　泥石流危险性区划流程

3.5.2　区划因子信息量分析

本方法选定地面高程、坡度、坡向、汇流累积量、植被覆盖度、土壤类型和土地利用类型 7 个影响因子进行四川省危害性的区划。

区域综合信息量的计算需建立在各影响因子栅格图层的基础上。因此，首先对非栅格数据进行栅格化，为方便计算，统一使用 1 km×1 km 的栅格单元，分别统计每个因子单元格的总数。通过对研究区域各种影响因子定量化的处理，统计出各类影响因子的信息量值。经各影响因子信息量的线性叠加后，最终得到综合信息量。然而在信息量计算过程中，由于数据源的多样性和划分单元格的过程中产生的误差，导致研究区域内栅格单元总数不一致。所以，本书采用大小栅格数叠加取大值的方法以解决栅格单元数不一致的问题。即当图像 A 的栅格总数大于图像 B 的栅格总数时，余出的栅格单元取图像 A 的栅格单元值。考虑到泥石流灾害的发生往往在一个数量范围内是稳定的，因此需对每个因子的图层分等定级。以下是对每个评价因子信息量值的分析。如表 3-3 所示，N_i 是分布在影响因子 X_i 内的单元总数，S_i 为研究区影响因子 X_i 的单元总数。

表 3-3 是高程因子信息量值的计算结果。结果显示，海拔 1000~2000 m 的信息量远大于其余高度范围的信息量。而尽管海拔 750~1250 m 发生泥石流的频率要高于海拔 1250~1750 m 和 1750~2250 m 的频率，但信息量值却低于这两个高程范围的信息量值。因此，因子信息量的大小与泥石流发生频率的大小并无线性关系。

表 3-3　高程因子的信息量值

高程/m	N_i	S_i	$N_i/S_i(10^{-4})$	信息量值
0~750	66	119716	0.56509555	−0.570760448
750~1250	116	34487	3.44772582	1.237714831
1250~1750	99	24730	4.103375181	1.41180985
1750~2250	101	24496	4.226261344	1.441317759
2250~2750	44	28022	1.609473005	0.475906799
2750~3250	18	30264	0.609644031	−0.494880048
3250~3750	23	56266	0.418997993	−0.869889148
>3750	5	165853	0.030901305	−3.47695686

表 3-4 是坡度因子信息量计算结果。40°~45°和 45°~50°两个范围信息量大于其余坡度范围，并且均大于 0，表明这三个区段发生泥石流的可能性远大于其他坡度范围。

表 3-4　坡度因子的信息量值

坡度/(°)	N_i	S_i	$N_i/S_i(10^{-4})$	信息量值
0~5	83	72098	11.51210852	0.165521384
5~10	78	53611	14.54925295	0.399661637
10~15	56	65201	8.588825325	−0.127416034
15~20	52	78127	6.655829611	−0.382384908
20~25	70	84453	8.288633915	−0.162992843
25~30	39	73561	5.30172238	−0.609846267
30~35	28	41656	6.721720761	−0.372533824
35~40	27	12668	21.31354594	0.781464819
40~45	28	2128	131.5789474	2.60172902
45~50	10	276	362.3188406	3.614646588
50~55	0	36	0	—
55~60	0	6	0	—
60~65	0	2	0	—

表 3-5 为坡向信息量的计算结果。东南坡向和南坡的信息量最高，该方向的泥石流发生率要高于该区域内平均泥石流发生率。

表 3-5　坡向因子信息量值

坡向	N_i	S_i	$N_i/S_i(10^{-4})$	信息量值
N	0	436	0	—
EN	1	11881	0.841679993	−2.4502334
E	42	59876	7.014496626	−0.32989906
ES	139	104607	13.28782969	0.308970543
S	149	137612	10.82754411	0.104215256
WS	93	98476	9.443925423	−0.03250629
W	34	49371	6.886633854	−0.3482956
WN	13	21562	6.029125313	−0.48127607

汇流累积量的信息量值计算结果如表 3-6 所示，150~200 等级信息量值最高，此范围所在地区汇流能力强。

表 3-6　汇流累积量信息量值计算结果

汇流累积量	N_i	S_i	$N_i/S_i(10^{-4})$	信息量值
0~50	332	303199	1.48417	-0.715269434
50~100	31	50077	3.59446	0.169267369
100~150	14	23468	8.94836	1.081342079
150~200	14	14655	14.32958	1.552198295
>200	81	96286	4.46586	0.386334618

　　根据《土壤侵蚀分类分级标准》和《水土保持技术规范》中对植被覆盖度分级的要求，将植被覆盖度分为 5 级，各级信息量计算结果见表 3-7。植被覆盖度为 40%~60%，信息量值最大。

表 3-7　植被覆盖度信息量

植被覆盖度分类	N_i	S_i	$N_i/S_i(10^{-4})$	信息量值
<15%	0	6173	0	—
15%~40%	4	24800	0.5272	-0.644005
40%~60%	215	67725	10.3779	2.339679
60%~75%	189	150047	4.1177	1.445295
>75%	65	235073	0.9039	-0.101012

　　表 3-8 为土壤类型信息量值统计表。由于研究区内土壤类型较多，因此泥石流发生的频率较为分散。从统计结果可以看出，冲积土、新积土、赤红壤和灰化棕色土的信息量值相对较大。而尽管红壤发生泥石流的频率高达 95 例，紫色土发生灾害频率为 61 例，但由于该两种类型土壤所占面积较上述 4 类的面积要大得多，因此信息量值小于以上 4 种土壤的信息量值。

表 3-8　土壤类型信息量值

土壤类型	N_i	S_i	$N_i/S_i(10^{-4})$	信息量值
紫色土	61	10087	60.47387727	1.824333479
黑毡土	7	73372	0.954042414	-2.324925161
草毡土	1	66360	0.150693189	-4.170387384
水稻土	27	39552	6.826456311	-0.357072315
暗棕壤	12	37778	3.176451903	-1.122113192

续表

土壤类型	N_i	S_i	$N_i/S_i(10^{-4})$	信息量值
棕壤	30	30960	9.689922481	−0.006791586
黄壤	58	26716	21.7098368	0.799887455
黄棕壤	46	23598	19.49317739	0.692186515
寒冻土	13	16884	7.699597252	−0.236709989
红壤	95	14033	67.69757001	1.937172274
褐土	28	11433	24.49050993	0.920407681
褐红土	9	1263	71.25890736	1.988441815
石灰土	9	5005	17.98201798	0.611494246
棕色针叶土	12	7995	15.00938086	0.430797385
灰褐土	14	6703	20.88617037	0.761209224
沼泽土	12	5675	21.14537445	0.773543168
黄褐土	1	3354	2.981514609	−1.185446582
草甸土	4	2971	13.46348031	0.322102846
泥炭土	9	1674	53.76344086	1.706715687
粗骨土	3	347	86.45533141	2.181749869
新积土	2	171	116.9590643	2.483945984
潮土	2	486	41.15226337	1.439400917
石灰岩	5	6132	8.15394651	−0.179375967
冲积土	8	808	99.00990099	2.317341843
山地灌丛	3	230	130.4347826	2.59299534
赤红壤	5	142	352.1126761	3.586073215
灰化棕色土	5	86	581.3953488	4.087552976
寒钙土	0	18	0	—
燥褐土	0	2036	0	—

　　表 3-9 是土地利用类型信息量计算结果。大于 25°的旱地和沙地信息量值均大于 5。说明这两类土地利用类型发生泥石流的概率要远高于研究区平均发生泥石流的概率。

表 3-9　土地利用类型信息量值

土地利用类型	N_i	S_i	$N_i/S_i(10^{-4})$	信息量值
山地水田	6	5344	11.2275449	0.140339149
丘陵水田	12	29262	4.10088169	−0.86682898
平原水田	33	8902	37.0703213	1.334785707
山地旱地	49	23121	21.192855	0.775633119
丘陵旱地	49	52229	9.38176109	−0.039263482
平原旱地	34	1873	181.526962	2.923373217
大于 25°的旱地	61	358	1703.91061	5.162650273
有林地	32	74790	4.27864688	−0.824394167
灌木林地	18	63269	2.84499518	−1.232469604
疏林地	10	30067	3.32590548	−1.076289016
其他林地	18	1225	146.938776	2.71198503
高覆盖草地	10	47275	2.11528292	−1.528842406
中覆盖草地	15	103683	1.4467174	−1.90873385
低覆盖草地	9	17841	5.04456028	−0.659720486
河渠	18	1738	103.567319	2.362190847
湖泊	13	343	379.008746	3.659528305
水库、坑塘	11	764	143.979058	2.691636879
冰川和永久积雪	17	683	248.901903	—
河滩地	8	494	161.94332	2.809215419
城镇用地	12	910	131.868132	2.603771445
农村居民点用地	9	1977	45.5235205	1.540198149
工交建设用地	6	183	327.868852	3.514582711
沙地	17	69	2463.76812	5.531416234
沼泽地	7	3935	17.7890724	0.600553383
裸土地	0	6	0	—
裸岩、石砾地	9	13392	6.72043011	−0.37287882

以各影响因子的栅格数据为基础，根据自然断点（natural break）划分各因子的信息量等级，结果如图 3-10 所示。其中 a~g 分别表示高程、坡度、坡向、汇流累计量、植被覆盖度、土壤类型和土地利用类型 7 个影响因子的信息量等级划分结果图。颜色越深，信息量值越大，表明其发生泥石流的概率要高于研究区平均发生泥石流的概率。

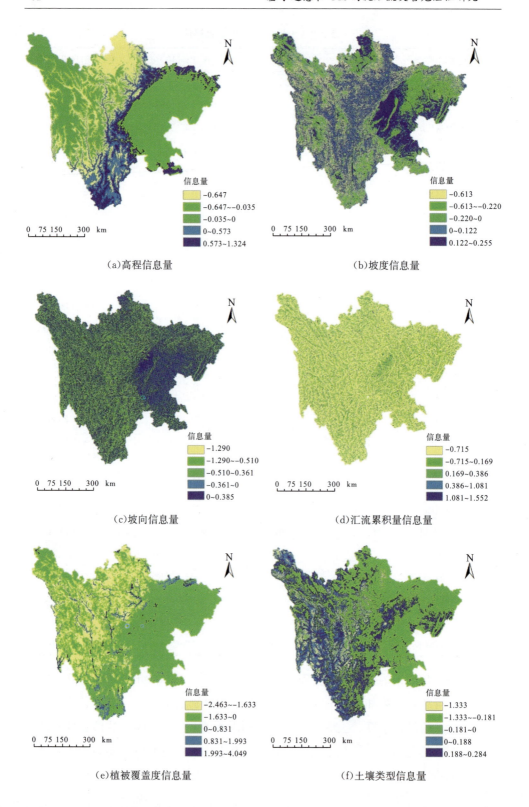

信息量
-0.647
-0.647~-0.035
-0.035~0
0~0.573
0.573~1.324

0 75 150   300 km

(a)高程信息量

信息量
-0.613
-0.613~-0.220
-0.220~0
0~0.122
0.122~0.255

0 75 150   300 km

(b)坡度信息量

信息量
-1.290
-1.290~-0.510
-0.510~0.361
-0.361~0
0~0.385

0 75 150   300 km

(c)坡向信息量

信息量
-0.715
-0.715~0.169
0.169~0.386
0.386~1.081
1.081~1.552

0 75 150   300 km

(d)汇流累积量信息量

信息量
-2.463~-1.633
-1.633~0
0~0.831
0.831~1.993
1.993~4.049

0 75 150   300 km

(e)植被覆盖度信息量

信息量
-1.333
-1.333~-0.181
-0.181~0
0~0.188
0.188~0.284

0 75 150   300 km

(f)土壤类型信息量

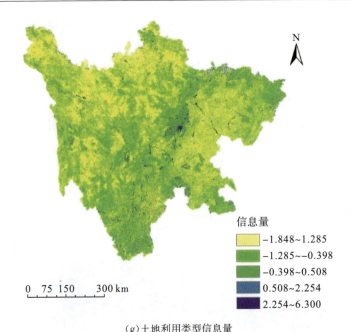

(g)土地利用类型信息量

图 3-10　影响因子信息量分级图

3.5.3　区划结果及评价

在泥石流信息数据和环境背景因子(高程、坡度、坡向、汇流累积量、植被覆盖度、土壤类型和土地利用类型)栅格数据集的基础上,利用信息量模型将所考虑的 7 个环境因子定量值转化为信息量。以信息量的大小表示环境背景有利于泥石流发生的程度。当信息量值小于 0 时,该单元发生灾害的可能性小于平均发生灾害的可能性;当信息量值等于 0 时,该单元发生灾害的可能性等于平均发生灾害的可能性;当信息量大于 0 时,该单元发生灾害的可能性大于平均发生灾害的可能性。即意味着信息量的值越大,发生灾害的可能性越大。因此,将各影响因子信息量经线性叠加后,按照统计学中常用的自然断点法(natural break)对综合信息量值划分等级,等级划分见表 3-10。

表 3-10　综合信息量等级划分

等级划分	轻度危险	较轻度危险	中度危险	重度危险	高度危险
综合信息量值	$-8.262 \sim -3.746$	$-3.746 \sim -1.924$	$-1.924 \sim -0.0362$	$-0.0362 \sim 1.542$	$1.542 \sim 9.987$

经重新分类后,最终的四川省泥石流危险性区划如图 3-11 所示。

首先，轻度危险区和较轻度危险区位于四川西部和西北部。主要覆盖甘孜藏族自治州和阿坝藏族羌族自治州。

其次，中度危险区位于四川东部，主要包括达州、巴中、南充、广安、广元南部、绵阳东南部、遂宁、资阳、宜宾和泸州北部。

而重度危险区和高度危险区主要位于四川东北、中部和南部的部分地区，呈带状分布：在北纬 26°~28.5°为南北走向，在北纬 28.5°~32.5°为西南－东北走向。尤其是南部攀枝花市和凉山彝族自治州，都属重度危险区。

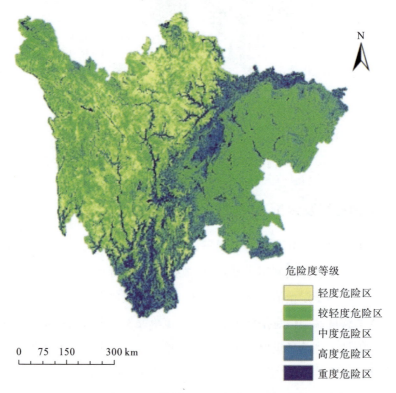

危险度等级

　轻度危险区
　较轻度危险区
　中度危险区
　高度危险区
　重度危险区

0　75　150　　300 km

图 3-11　四川省泥石流危险性区划图

表 3-11 为危险性等级划分与实际灾害点分布对比类表，其中，S 表示各危险等级像元数，a 为各危险等级像元数占总像元数百分比，N 为发生灾害数，b 为各级灾害数占总灾害数百分比，b/a 为实际发生灾害比。如表 3-11 所示，高度危险区和重度危险区所占全区面积分别为 19.97％和 7.53％，却集中了 80％的泥石流灾害。实际发生泥石流灾害比分别为 2.14 和 4.95，远大于轻度、较轻度和中度危险区。说明信息量模型以较小的面积概括了绝大部分的泥石流灾害发生区，有较高的评价精度。

表 3-11　危险等级划分与实际灾害点分布对比列表

级别	S	a/%	N	b/%
轻度危险区	76507	15.62	2	1.38
较轻度危险区	132277	27.00	3	2.07
中度危险区	146371	29.88	24	16.55
高度危险区	97841	19.97	62	42.76
重度危险区	36879	7.53	54	37.24
合计	489875	100	145	100.00

地质灾害危险性评价的检验基于两点假设：一是假定灾害与地形、土壤、植被等空间信息相关联，二是潜在地质灾害将能通过降雨、地震等影响因子来预测。通过比较实际发生灾害的位置与危险性区划结果，评价区划方法的准确性。比较泥石流历史灾害数据与危险性等级划分结果是评价危险性分析有效性的方法，常用的评价方法是由 Chung CF 首先提出，并由 Lee S 等广泛采用的成功率验证法。该方法通过讨论地质灾害危险性指数累积百分比与地质灾害发生累计百分比之间的关系，来分析危险性评价对地质灾害发生的概括程度。

为了获取危险性指数累计分级，首先计算研究区每一个像元的危险线概率值，并按照降序排列。根据泥石流危险性指数的累计百分率，成功率验证法的结果被划分为 10 个等级。比如，泥石流发生概率为 90%~100%，则将其划分到 10%这一等级。若泥石流发生概率在 80%~100%，则将其划分在 20%这一定级评价结果，如图 3-12 所示，其中 X 轴为泥石流危险性指数累计百分比，Y 轴为泥石流发生累计频率百分比。统计结果显示，四川省泥石流发生概率在 90%~100%的栅格单元占总栅格单元的 35.8%，而概率在 80%~100%的栅格单元占总栅格单元的 62.5%。

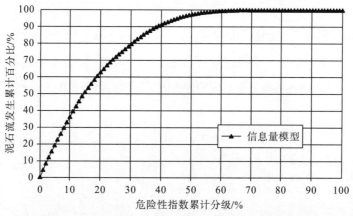

图 3-12　地质灾害发生累计频率－泥石流危险等级曲线图

3.6　基于可拓学的泥石流危险性区划

3.6.1　可拓学模型方法

可拓学(extenics)是广东工业大学以蔡文教授为首的学者们研究创立的一门原创性横断新学科,它由可拓论、可拓方法和可拓工程方法三者共同构成。可拓学是用形式化的模型研究事物拓展的可能性和开拓创新的规律与方法,并用于处理矛盾问题。

运用可拓学对事物进行综合评价,就是把描述或评价的对象、各特征和对象关于特征的量值组成一个整体(物元)来研究,用可拓集合的关联函数值(关联度的大小)描述各种特征参数与所研究对象的从属关系,从而把属于或不属于的定性描述扩展为定量描述。

1.　确定经典域和节域

设泥石流危险评价指标有 n 个,即 $c_1,c_2,c_3,\cdots,c_n$,将泥石流区域分为 m 个危险区划等级,由此得到评价的经典物元模型如下。

令

$$R_j = (N_j, C_i, V_{ji}) = \begin{bmatrix} N_j & c_1 & V_{j1} \\ & c_2 & V_{j2} \\ & \vdots & \vdots \\ & c_n & V_{jn} \end{bmatrix} = \begin{bmatrix} N_j & c_1 & \langle a_{j1}, b_{j1} \rangle \\ & c_2 & \langle a_{j2}, b_{j2} \rangle \\ & \vdots & \vdots \\ & c_n & \langle a_{jn}, b_{jn} \rangle \end{bmatrix} \tag{3-8}$$

式中,N_j 表示泥石流危险性评价的第 $j(j=1,2,3,\cdots,m)$ 个等级;$c_i(i=1,2,3,\cdots,n)$ 表示泥石流危险等级 N_j 的第 j 个评价因子;V_{ji} 为 N_j 关于 c_i 所规定的量值范围,即泥石流危险性评价各等级关于对应的评价因子所取的数据范围——经典域。

令

$$R_j = (P, C_i, V_P) = \begin{bmatrix} P & c_1 & V_{P1} \\ & c_2 & V_{P2} \\ & \vdots & \vdots \\ & c_n & V_{Pn} \end{bmatrix} = \begin{bmatrix} P & c_1 & \langle a_{P1}, b_{P1} \rangle \\ & c_2 & \langle a_{P2}, b_{P2} \rangle \\ & \vdots & \vdots \\ & c_n & \langle a_{Pn}, b_{Pn} \rangle \end{bmatrix} \tag{3-9}$$

式中，P 表示泥石流危险性评价等级的全体；V_{Pi} 为 P 关于 c_i 所取的量值范围，即 P 的节域。

2. 确定待评物元

对于待评像元 p（本书评价单元为 1 km×1 km），把收集到的地理信息数据用物元 R 表示，称为待评物元，即

$$R = \begin{bmatrix} p & c_1 & v_1 \\ & c_2 & v_2 \\ & \vdots & \\ & c_n & v_n \end{bmatrix} \tag{3-10}$$

式中，p 表示具体某一评价单元 v_i 为 p 关于评价因子 c_i 的量值，即待评价单元收集的具体数据。

3. 建立关联函数值

在可拓集合中，关联函数表达了事物具有某种性质的程度。

设 p 与 $N_j (j = 1, 2, 3, \cdots, m)$ 关于评价指标 C_i 的距为 $\rho(x_i, x_{ji})$，p 与 N_P 关于评价指标 C_i 的距为 $\rho(x_i, x_{pi})$，则待评单元的评价指标 C_i 关于第 j 个预警等级的关联函数为

$$K_j(x_i) = \frac{\rho(x_i, x_{ji})}{\rho(x_i, x_{pi}) - \rho(x_p, x_{ji})} \tag{3-11}$$

而关联函数必须与实际问题相吻合，因此将泥石流因子分为 A、B、C 三类。

1）A 类指标

量值与泥石流危险等级趋势一致或向相反方向变化（即最优点在区间中点）的评价指标的关联函数采用基于距的初等关联函数。

$$\rho(x_i, x_{pi}) = 2\left[\left| x - \frac{a+b}{2} \right| - \frac{1}{2}(b-a)\right] = \begin{cases} 2(a-x), & a \leqslant x < \dfrac{a+b}{2} \\ 2(x-b), & \dfrac{a+b}{2} \leqslant x \leqslant b \\ 0, & \text{其他} \end{cases}$$

$$\tag{3-12}$$

2）B 类指标

在值域的区间中点左侧出现最高危险等级（即最优点在区间左侧）的评价指标

的关联函数采用基于左侧距的初等关联函数。

$$\rho(x_i, x_{pi}) = \begin{cases} x - b, & a \leqslant x < b \\ 0, & \text{其他} \end{cases} \tag{3-13}$$

3）C 类指标

在值域的区间中点右侧出现最高危险等级（即最优点在区间右侧）的评价指标的关联函数采用基于右侧距的初等关联函数。

$$\rho(x_i, x_{pi}) = \begin{cases} a - x, & a \leqslant x < b \\ 0, & \text{其他} \end{cases} \tag{3-14}$$

4. 评价因子权重计算

本书采用的方法是层次分析法确定因子权重。

层次分析法（AHP）确定权重的步骤如下：

（1）建立层次结构模型。结构模型通常由三个以上层次构成：最上层称为目标层，一般只由一个指标组成，即为系统所要实现的目的；中间层称为准则层，一般由两个以上的次级指标组成，主要受目标层的支配，为实现系统目的的主要影响指标，当准则层的因子过多时（一般大于 9 个时），应进一步分解出子准则层；最下层称为对象层，一般由三个以上的基层指标组成，主要是由次级指标派生出来的指标，受次级目标层的支配，通常是指系统评价中最直接的因素。这种层次结构模型图如图 3-13 所示。

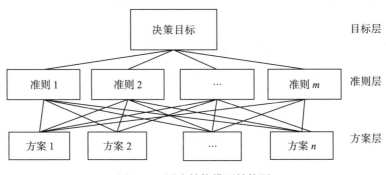

图 3-13　层次结构模型结构图

（2）构造判断矩阵。u_i、$u_j (i, j = 1, 2, \cdots, n)$ 表示因素。u_{ij} 表示 u_i 对 u_j 的相对重要性数值，并由 u_{ij} 组成判断矩阵 U：

$$U = \begin{bmatrix} u_{11} & u_{12} & \cdots & u_{1n} \\ u_{21} & u_{22} & \cdots & u_{2n} \\ \vdots & \vdots & & \vdots \\ u_{n1} & u_{n2} & \cdots & u_{nn} \end{bmatrix} \qquad (3\text{-}15)$$

式中，确定各层次中各个因素之间的重要性时，使用 Santy 等人提出的一致矩阵法，该方法使用 1~9 个标度判断两元素之间所占的比重。两两因子重要性标度如表 3-12 所示。

表 3-12　评价元素重要性标度表

标度	含义
1	两因子相比，完全相同重要
3	两因子相比，一个比另一个稍微重要
5	两因子相比，一个比另一个明显重要
7	两因子相比，一个比另一个非常重要
9	两因子相比，一个比另一个极度重要
2，4，6，8	上述相邻判断的中值
倒数	上述比较结果的倒数

（3）计算重要性排序。根据判断矩阵，求出其最大特征根 λ_{max} 所对应的特征向量 w，方程如下：

$$Uw = \lambda_{max} w \qquad (3\text{-}16)$$

所求特征向量 w 经归一化，即为各评价因素的重要性排序，也就是权重分配。

（4）一致性检验。以上得到的权重分配是否合理，还需要对判断矩阵进行一致性检验。检验使用公式为

$$CR = CI/RI \qquad (3\text{-}17)$$

式中，CR 为判断矩阵的随机一致性比率；CI 为判断矩阵的一般一致性指标。它由下式给出：

$$CI = (\lambda_{max} - n)/(n - 1) \qquad (3\text{-}18)$$

RI 为判断矩阵的平均随机一致性指标，1~9 阶的判断矩阵的 RI 值参见表 3-13。

表 3-13　平均随机一致性指标 RI 的值

n	1	2	3	4	5	6	7	8	9
RI	0	0	0.58	0.90	1.12	1.24	1.32	1.41	1.45

当判断矩阵 U 的 CR<0.1 时，认为 U 具有满意的一致性，否则需调整 U 中的元素以使其具有满意的一致性。

5. 计算危险值

$$K_j(p) = \sum_{i=1}^{n} \lambda_i K_j(v_i) \tag{3-19}$$

式中，$K_j(v_i)$ 为因子关联度值；λ_i 为因子权重。

3.6.2　可拓模型应用

本方法以四川省为研究区，选定相对高差、坡度、岩石硬度、降雨、河网密度、植被覆盖度、泥石流次数、地震次数 8 个因子作为泥石流评价指标。评价单位为 $1\,\text{km} \times 1\,\text{km}$ 的栅格网格。评价等级分为 5 个等级，分别为轻度危险Ⅰ、较轻度危险Ⅱ、中度危险Ⅲ、重度危险Ⅳ、高度危险Ⅴ。根据 3.4 节中分析的区划因子及参考前人的研究成果，可以得出四川地区泥石流危险等级和评价指标之间的关系，如表 3-14 所示。

表 3-14　四川地区泥石流危险等级和评价指标之间的关系

危险等级	C_1/m	C_2/(°)	C_3	C_4(0.1 mm)	C_5	C_6/%	C_7	C_8
Ⅰ	>2400	>45	12~14	0~100	0~0.4	0~0.2	0	0
Ⅱ	1800~2400	35~45	3.9~6	100~250	0.40~0.55	0.2~0.4	1~2	1~2
Ⅲ	0~600	25~35	10~12	250~500	0.55~0.70	0.4~0.6	3~4	3~4
Ⅳ	1200~1800	15~25	8~10	500~1000	0.70~0.85	0.8~1	4~5	4~5
Ⅴ	600~1200	0~15	6~8	>1000	>0.85	0.6~0.8	>5	>5

注：C_1，相对高差；C_2，坡度；C_3，岩石硬度；C_4，降雨；C_5，沟壑密度；C_6，植被覆盖度；C_7，历史泥石流次数；C_8，历史地震次数。

3.6.2.1　物元模型建立

泥石流危险等级的经典物元及节域物元为

$$R_1 = \begin{bmatrix} N_1 & C_1 & \langle 2400,4403 \rangle \\ & C_2 & \langle 45,90 \rangle \\ & C_3 & \langle 12,14 \rangle \\ & C_4 & \langle 0,100 \rangle \\ & C_5 & \langle 0,0.4 \rangle \\ & C_6 & \langle 0,0.2 \rangle \\ & C_7 & 0 \\ & C_8 & 0 \end{bmatrix}, \quad R_2 = \begin{bmatrix} N_2 & C_1 & \langle 1800,2400 \rangle \\ & C_2 & \langle 35,45 \rangle \\ & C_3 & \langle 3.9,6 \rangle \\ & C_4 & \langle 100,250 \rangle \\ & C_5 & \langle 0.4,0.55 \rangle \\ & C_6 & \langle 0.2,0.4 \rangle \\ & C_7 & \langle 1,2 \rangle \\ & C_8 & \langle 1,2 \rangle \end{bmatrix}$$

$$R_3 = \begin{bmatrix} N_3 & C_1 & \langle 0,600 \rangle \\ & C_2 & \langle 25,35 \rangle \\ & C_3 & \langle 10,12 \rangle \\ & C_4 & \langle 250,500 \rangle \\ & C_5 & \langle 0.55,0.7 \rangle \\ & C_6 & \langle 0.4,0.6 \rangle \\ & C_7 & \langle 3,4 \rangle \\ & C_8 & \langle 3,4 \rangle \end{bmatrix}, \quad R_4 = \begin{bmatrix} N_4 & C_1 & \langle 1200,1800 \rangle \\ & C_2 & \langle 15,25 \rangle \\ & C_3 & \langle 8,10 \rangle \\ & C_4 & \langle 500,1000 \rangle \\ & C_5 & \langle 0.7,0.85 \rangle \\ & C_6 & \langle 0.8,1 \rangle \\ & C_7 & \langle 4,5 \rangle \\ & C_8 & \langle 4,5 \rangle \end{bmatrix}$$

$$R_5 = \begin{bmatrix} N_5 & C_1 & \langle 600,1200 \rangle \\ & C_2 & \langle 0,15 \rangle \\ & C_3 & \langle 6,8 \rangle \\ & C_4 & \langle 1000,1500 \rangle \\ & C_5 & \langle 0.85,1.575 \rangle \\ & C_6 & \langle 0.6,0.8 \rangle \\ & C_7 & \langle 5,7 \rangle \\ & C_8 & \langle 5,10 \rangle \end{bmatrix}, \quad R_p = \begin{bmatrix} N_p & C_1 & \langle 0,4403 \rangle \\ & C_2 & \langle 0,90 \rangle \\ & C_3 & \langle 3.9,14 \rangle \\ & C_4 & \langle 0,1500 \rangle \\ & C_5 & \langle 0,1.575 \rangle \\ & C_6 & \langle 0,1 \rangle \\ & C_7 & \langle 0,7 \rangle \\ & C_8 & \langle 0,10 \rangle \end{bmatrix}$$

3.6.2.2　关联函数建立

根据各因子的特点，参考 3.6.1 节关联函数公式，可以得到各因子的关联函数及其计算结果，各因子关联度如图 3-14 到 3-21 所示：

$$k_1(x) = \begin{cases} \dfrac{x}{900}, & 0 < x \leqslant 600 \\[2mm] -\dfrac{x-1800}{900}, & 600 < x \leqslant 1800, \quad 0 \sim 1800 \text{ 为 A 类指标} \\[2mm] -\dfrac{x-4403}{2603}, & 1800 < x \leqslant 4403, \quad \text{大于 1800 为 B 类指标} \end{cases} \quad (3\text{-}20)$$

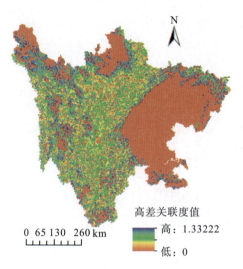

高差关联度值

高: 1.33222

低: 0

0 65 130   260 km

图 3-14　相对高差关联度计算结果

$$k_2 = \begin{cases} \dfrac{2x}{30}, & 0 < x \leqslant 15 \\[3mm] \dfrac{2(30-x)}{30}, & 15 < x \leqslant 30, \quad 0 \sim 30 \text{ 为 A 类指标} \\[3mm] \dfrac{80-x}{50}, & 30 < x \leqslant 80, \quad 30 \sim 80 \text{ 为 B 类指标} \end{cases} \tag{3-21}$$

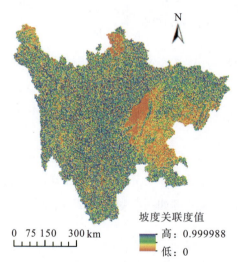

坡度关联度值

高: 0.999988

低: 0

0 75 150   300 km

图 3-15　四川坡度关联度值

$$k_3(x) = \begin{cases} \dfrac{(x-3.9)}{4.1}, & 3.9 < x \leqslant 8, \quad 4 \sim 8 \text{ 为 C 类指标} \\[3mm] \dfrac{14-x}{14-8}, & 8 < x \leqslant 14, \quad 8 \sim 14 \text{ 为 B 类指标} \end{cases} \tag{3-22}$$

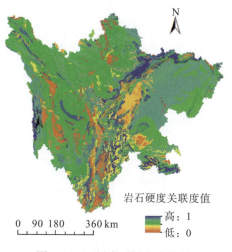

岩石硬度关联度值

高：1

低：0

0　90　180　　　360 km

图 3-16　四川岩石硬度关联度

$$k_4 = \begin{cases} \dfrac{x}{1000}, & 0 < x \leqslant 1000, \quad \text{均为 C 类指标} \\ 0, & \text{其他} \end{cases} \tag{3-23}$$

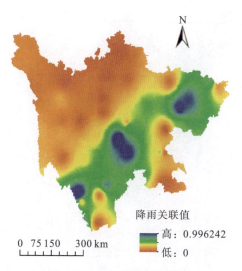

降雨关联值

高：0.996242

低：0

0　75 150　　　300 km

图 3-17　四川省降雨关联度

$$k_5 = \begin{cases} \dfrac{x}{1.575}, & 0 < x \leqslant 1.575, \quad \text{均为 C 类指标} \\ 0, & x = \text{其他} \end{cases} \tag{3-24}$$

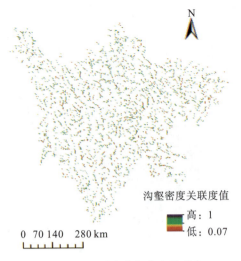

图 3-18　四川省沟壑密度关联度

$$k_6 = \begin{cases} \dfrac{x}{0.7}, & 0 < x \leqslant 0.7, \quad 1 \sim 0.7 \text{ 为 C 类指标} \\[3mm] \dfrac{1-x}{0.3}, & 0.7 < x \leqslant 1 \quad 0.7 \sim 1 \text{ 为 B 类指标} \end{cases} \qquad (3\text{-}25)$$

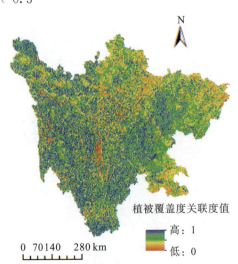

图 3-19　四川省植被覆盖度关联度

$$k_7(x) = \begin{cases} \dfrac{x}{7}, & 0 < x \leqslant 7, \quad \text{均为 C 类指标} \\[3mm] 0, & \text{其他} \end{cases} \qquad (3\text{-}26)$$

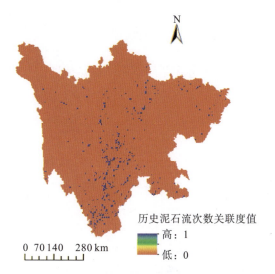

图 3-20　历史泥石流次数关联度

$$k_8(x) = \begin{cases} \dfrac{x}{10}, & 0 < x \leqslant 7, \quad \text{均为 C 类指标} \\ 0, & \text{其他} \end{cases} \tag{3-27}$$

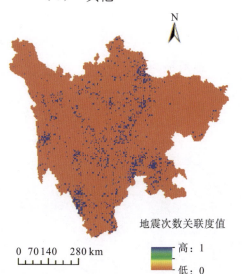

图 3-21　历史地震次数关联度

3.6.2.3　权重计算

本方法采用的评价因子分别为相对高差、坡度、岩石硬度、降雨、河网密度、植被覆盖度、泥石流次数、地震次数 8 个因子。

1. 根据层次分析法的原理建立多层次评价体系

本方法将泥石流影响因子分为两层，第一层包括地形地貌地质、水文、植被和历史条件。各因子又包含了多个子因子，如图 3-22 所示。

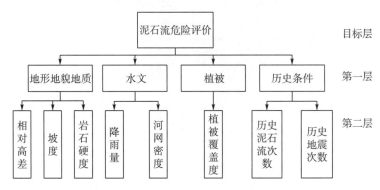

图 3-22   泥石流多层次评价体系

2. 构造判断矩阵

由图 3-22 可以看出，本方法中用 4 个泥石流影响因子建立了第一层判断矩阵，将各因子表示为 u_1 地形地貌、u_2 水文、u_3 植被和 u_4 历史条件，根据表 3-12 得出第一层判断矩阵，如表 3-15 所示。

表 3-15   第一层判断矩阵

	u_1	u_2	u_3	u_4
u_1	1	3	4	6
u_2	1/3	1	2	5
u_3	1/4	1/2	1	4
u_4	1/6	1/5	1/4	1

在 Matlab 中求出最大特征值 $\lambda_{max} = 4.1389$，对应的特征向量 $w = [0.8770\ 0.3994\ 0.2507\ 0.0920]$，带入式（3-17）和式（3-18），参考表 3-13，得出 CR＝0.051＜0.1，则判断矩阵有较好的一致性，若 CR＞0.1，则需要重新构建判断矩阵。

然后进行第二层次的比较，由于 u_3 下只有一个因子，所以不再进行第二层的比较，各因子表示为 u_{11} 相对高差、u_{12} 坡度、u_{13} 岩石硬度、u_{21} 降雨量、u_{22}

河网密度、u_{41} 历史泥石流次数、u_{42} 历史地震次数，得出第二层判断矩阵如表 3-16 所示。

表 3-16　第二层地形地貌类判断矩阵

	u_{11}	u_{12}	u_{13}
u_{11}	1	3	5
u_{12}	1/3	1	4
u_{13}	1/5	1/4	1

最大特征值 $\lambda_{max}=3.0858$，其对应的特征向量最大特征值 $w=[0.9701$ 0.2425]，CR=0.073<0.1 则判断矩阵有较好的一致性。

表 3-17　第二层水文类判断矩阵

	u_{21}	u_{22}
u_{21}	1	4
u_{22}	1/4	1

最大特征值 $\lambda_{max}=2$，其对应的特征向量最大特征值 $w=[0.9701\ 0.2425]$，CR=0<0.1 则判断矩阵有较好的一致性。

表 3-18　第二层历史条件类判断矩阵

	u_{41}	u_{42}
u_{41}	1	3
u_{42}	1/3	1

最大特征值 $\lambda_{max}=2$，其对应的特征向量最大特征值 $w=[0.9487\ 0.3162]$，CR=0<0.1 则判断矩阵有较好的一致性。

归一化后得到影响因子权重如表 3-19 所示。

表 3-19　各影响因子层次权重表

第一层因子（权重）	第二层因子（权重）
u_1 地形地貌（0.5417）	相对高差 u_{11}（0.9048）
	坡度 u_{12}（0.4038）
	岩石硬度 u_{13}（0.1352）
u_2 水文（0.2467）	降雨 u_{21}（0.9701）
	河网密度 u_{22}（0.2425）

第一层因子(权重)	第二层因子(权重)
u_3 植被(0.1548)	植被覆盖度(0.1548)
u_4 历史条件(0.0568)	泥石流次数 u_{41}(0.9487)
	地震次数 u_{42}(0.3162)

对两层指标的重要性进行总排序，相对高差、坡度、岩石硬度、降雨、河网密度、植被覆盖度、泥石流次数、地震次数 8 个因子相对于危险性评价的总权重，然后按照权重系数进行总的排序，结果如表 3-20 所示。

表 3-20   因子总权重表

影响因子	权重	排序
相对高差	0.34	1
坡度	0.17	3
岩石硬度	0.05	5
降雨	0.19	2
河网密度	0.05	5
植被覆盖度	0.15	4
泥石流次数	0.04	6
地震次数	0.01	7

则 $\lambda_8 = [0.34, 0.17, 0.05, 0.19, 0.05, 0.15, 0.04, 0.01]$。

3.6.2.4   危险度计算

根据式(3-19)，采用可拓学的方法对泥石流危险性进行评价，8 个因子乘以权重后叠加关联度图层，可得到泥石流危险值，然后根据统计中常用的自然段点法将危险值进一步划分为 5 个危险度，见表 3-21。

表 3-21   泥石流危险值等级表

危险等级	I	II	III	IV
危险评价值	0.03~0.26	0.26~0.39	0.39~0.52	0.52~0.64

根据表 3-21 可得到最终分类图层，见图 3-23。

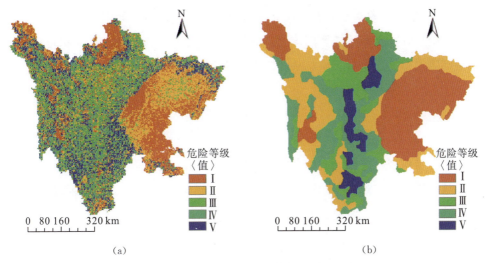

（a）　　　　　　　　　　　　　　　　　（b）

图 3-23　四川省泥石流性区别

图 3-23(a)为地球系统科学数据共享网西南山地分中心的研究成果，经过 ArcGIS 处理呈现为图 3-23(b)。

对比图 3-23(a)和(b)可以发现，两幅图的危险区划结果基本一致，说明采用可拓学的方法进行泥石流区划是可行的。

由图 3-23(a)可以看出：

(1)四川Ⅳ级危险区主要分布在阿坝松潘县北部和甘孜藏族自治州的石渠县。四川Ⅳ级危险区主要分布在阿坝南部的理县，甘孜藏族自治州西部的白玉县和新龙县东南地区，凉山彝族自治州的木里藏族自治县。四川Ⅲ级危险区主要分布在阿坝中部的马尔康县和黑水县。四川Ⅱ级危险区主要集中在四川东北部的南充。四川Ⅰ级危险区主要集中在成都市，阿坝北部的若尔盖县和红原县。

(2)从地形条件来看，泥石流主要分布在深切割的高中山区和盆周边缘山地。如Ⅴ级危险区四川北部阿坝藏族自治州的阿坝县，四川西北甘孜藏族自治州的石渠、色达、巴塘、康定。Ⅳ级危险区分布区阿坝南部的理县，这些山区山高沟深、地势陡峻、沟床纵坡大，有的流域形状利于雨水汇集。

(3)从地质条件来看，泥石流主要分布于地质构造复杂、断裂发育、褶皱强烈、新构造运动活跃、西部地区属山地、高原，海拔多在 3000 m 左右，山高坡陡，为高寒区也是岩石破碎、风化强烈、松散堆积物厚、地震烈度较高的地区。如Ⅴ级危险区四川中部雅安市的天全县、洪雅县，这样的地区岩性结构疏松软弱、易于风化破碎，滑坡、崩塌等不良地质现象众多，泥石流固体物质来源丰富。

(3)从水文气象条件来看，泥石流主要分布于暴雨区，降雨使松散碎屑物质摩擦力减小，又是搬运松散固体物质的基本动力。如有雨城之称的Ⅳ级危险区四川中部雅安市的天全县、洪雅县，四川南部凉山彝族自治州的盐源县。

3.7　小　结

信息量模型是进行地质灾害危险区划的有效方法之一，该方法较一般的统计方法具有较高的客观性，同时又不失专家经验。适用于中小比例尺区域的研究。本章首先统计高程、坡度、坡向、汇流累积量、植被覆盖度、土壤类型和土地利用类型共 7 个环境背景因子不同等级下发生泥石流的频率。而可拓方法选定相对高差、坡度、岩石硬度、降雨、河网密度、植被覆盖度、泥石流次数、地震次数 8 个因子对泥石流危险程度进行研究，两者都有其优势。

(1)尽管信息量的计算也依赖于灾害发生的频率，但是统计频率高的区段范围与其对应信息量值并不一定呈正相关关系，即频率高并不代表信息量值高。其信息量还依靠因子分级区段所占面积比例。而可拓学方法在对待这个问题上可以用丰富的关联函数来表示因子与泥石流发生频率的关系。

(2)综合信息量结果揭示了四川省泥石流危险区域位置，其中重度危险区和高度危险区呈带状分布于四川东北、中部和南部的部分地区。尤其是南部攀枝花市和凉山彝族自治州，是最为危险的地区。可拓学最终得出的结果与此大致相同，但较信息量方法，危险区划分得更精确一点，因为信息量方法没有对各因子所占权重进行分析。

(3)通过对实际发生泥石流灾害位置与危险性等级区划图的比较分析，高度危险区和重度危险区以较小的面积(仅占全区面积的 27.5％)概括了绝大部分的泥石流灾害发生区(灾害发生数占总灾害数的 80％)，即说明信息量模型对四川省泥石流危险性有较高准确度的评价。此外，利用成功率验证法对信息量模型进行验证，泥石流发生概率为 90％～100％的栅格单元占总栅格单元的 35.80％，概率为 80％～100％的栅格单元占总栅格单元的 62.5％。

参 考 文 献

[1] 足立胜治，德山久人夫，中筋章热人，等. 土石流发生危险的危险度判定方法[J]. 新砂防，1977：30(3)，7—16.

［2］ Hollingsworth R G S. Kovacs soil slumps and debris flows：Prediction and Proteetion［J］. Bulletin of the Assoeiation of Engineering Geologists，1981，18(1)：17－28.

［3］ 谭炳炎. 泥石流沟严重程度的数学化综合评判［J］. 水土保持通报，1986，6(1)：51－67.

［4］ 刘希林. 泥石流危险度判定的研究［J］. 灾害学，1988，3(3)：10－15.

［5］ Westen C J. van，Castellanos E，Kuriakose S L. Spatial data for landslide susceptibility，hazard，and vulnerability assessment：An overview［J］. Engineering Geology，2008，102：112－131.

［6］ Lee S，Pradhan B. Landslide hazard mapping at Selangor，Malaysia using frequency ratio and logistic regression models［J］. Landslides，2007，4(1)，33－41.

［7］ Carrara A，Crosta G，Frattini P. Comparing models of debris-flow susceptibility in the alpine environment［J］. Geomorphology，2008，94(3－4)：353－378.

［8］ 张国平，徐晶，毕宝贵. 滑坡和泥石流灾害与环境因子的关系［J］. 应用生态学报，2009，20(3)，653－658.

［9］ 谭万沛. 中国灾害暴雨泥石流预报分区研究［J］. 水土保持通报，1989，9(2)：48－53.

［10］ 张春山，张业成，胡景江，等. 中国地质灾害时空分布特征与形成条件［J］. 第四纪研究，2000，20(6)：559－566.

［11］ 刘传正，温铭生，唐灿. 中国地质灾害气象预警初步研究［J］. 地质通报，2004，23(4)：303－309.

［12］ 褚洪斌，母海东，王金哲. 层次分析法在太行山区地质灾害危险性分区中的应用［J］. 中国地质灾害与防治学报，2003，14(3)：125－129.

［13］ 冯利华，赵浩兴，瞿有甜. 灾害等级的综合评价［J］. 灾害学，2002，17(4)：16－20.

［14］ 陈伟，任光明，左三胜. 泥石流危险度的模糊综合评判［J］. 水土保持研究，2006，13(2)：138－171.

［15］ Prabu S，Ramakrishnan S S. Combined use of socio economic analysis，remote sensing and GIS data for landslide hazard mapping using ANN［J］. Journal of the Indian Society of Remote Sensing，2009，37(3)：409－421.

［16］ Pradhan B. Manifestation of an advanced fuzzy logic model coupled with geo-information techniques to landslide susceptibility mapping and their comparison with logistic regression modeling［J］. Environment and Ecological Statistic，2011，18：471－493.

［17］ Yao X，Tham L G，Dai F C. Landslide susceptibility mapping based on Support Vector Machine：a case study on natural slopes of Hong Kong，China［J］. Geomorphology，2008，101(4)：572－582.

［18］ 兰恒星，伍法权，周成虎，等. 基于GIS的云南小江流域滑坡因子敏感性分析［J］. 岩石

力学与工程学报，2002，21(10)：1500−1506.

[19] 兰恒星，伍法权，王思敬. 基于 GIS 的滑坡 CF 多元回归模型及应用[J]. 山地学报，2002，20(6)：732−737.

[20] 李铁锋，温铭生，丛威青，等. 降雨型滑坡危险性区划方法[J]. 地学前缘，2007，14(6)：107−111.

[21] 阮沈勇，黄润秋. 基于 GIS 的信息量法模型在地质灾害危险性区划中的应用[J]. 成都理工学院学报，2001，28(1)：89−92.

[22] 朱良峰，吴信才，殷坤龙等. 基于信息量模型的中国滑坡灾害风险区划研究[J]. 地球科学与环境学报，2004，26(3)：52−56.

[23] Jenson S K, Domingue J O. Extracting topographic structure from digital elevation data for geographical information system analysis [J]. Photogrammetric Engineering and Remote Sensing, 1988, 54(11)：1593−1600.

[24] 马东涛，石玉成. 试论地震在泥石流形成中的作用[J]. 西北地震学报，1996，18(4)：38−42.

[25] 肖桐. 基于 GIS 的兰州市划滑坡空间模拟研究[D]. 兰州：兰州大学，2007.

[26] 张爱国，李锐，杨勤科. 中国水蚀土壤抗剪强度研究[J]. 水土保持通报，2001，21(3)：5−9.

[27] Chung C J F, Fabbri A G. Probabilistic prediction models for landslide hazard mapping [J]. Photogrammetric Engineering and Remote Sensing, 1999, 65(12)：1389−1399.

[28] Lee S. Application of likelihood ratio and logistic regression models to landslide susceptibility mapping using GIS[J]. Environmental Management, 2004, 34(34)：223−232.

[29] 曾群华，徐长乐，向云波，等. 泥石流沟地形因素危险性的可拓学评价——以重庆市北培区为例. 地质灾害与环境保护，2010，21(3)：72−78.

[30] 匡乐红，徐林荣，刘宝琛. 基于可拓方法的泥石流危险性评价[J]. 中国铁道科学 2006，27(5)：1−6.

[31] 张慧. 基于计算智能和 GIS 的暴雨性泥石流分析预测研究[D]. 北京：中国地质大学，2013.

[32] 常建娥，蒋太立，层次分析法确定权重的研究[J]. 武汉理工大学学报，2007，29(1)：153−156.

[33] 地球系统科学数据共享网西南山地分中心[OL]http://imde. geodata. cn.

第4章 泥石流预报模型研究

4.1 概　　述

地质灾害预报的研究主要分为两类：一类是根据地质灾害发生的机理及实验建立模型而展开预报；另一类是基于大气降雨的观测，采用数理统计方法，研究降雨量、降雨强度和降雨过程与地质灾害在空间分布、时间上的对应关系，建立地质灾害的时空分布与降雨过程的统计关系，确定宏观上的统计关系，已达到预报的目的。两种方法各有侧重，前者强调的是地质灾害的机理研究，后者强调的是地质灾害受外界触发因素影响的统计学研究。其中第二种方法主要侧重于三方面：一是根据历史的地质灾害个例当日出现的降雨量级确定诱发地质灾害的降雨临界值；二是考虑地质灾害与前期降雨过程的关系，确定不同类型的地质灾害出现与前期降雨不同的关联关系；三是分析地质灾害和考虑了当日降雨及前期降雨的日综合雨量的关系，确定诱发地质灾害的日综合雨量临界值。

4.2 泥石流预报模型研究进展

在泥石流预报模型研究方面，早期基于统计模型的预报主要通过对引发（或未引发）泥石流的历史降雨量数据的统计分析来确定引发泥石流的降雨阈值——临界降雨量，以此作为实时降雨观测的参照值，预报泥石流可能发生的时间。当降雨量低于最小阈值时，该过程不会发生；超过最大阈值时，该过程会发生。Wilson 和 Servel 等学者经详尽研究后，指出临界降雨量分为两种：持续时间短但强度大的降雨和持续时间长但强度低的降雨。同时降雨临界值存在明显的地域特点，如香港、加利福尼亚中南部、西雅图等地区的降雨临界值会有所不同。Chien 等利用实时获取降雨量数据，绘制预报区域降雨临界值等值线。Shieh 则将影响泥石流的一次降雨事件分为两种情况（引发和没有引发泥石流）来研究临界降雨量计算方法。

　　随着研究的不断深入，一些学者经过大量的观测和统计，提出了前期有效降雨这个概念，认为前期降雨使土体具有较高的含水量，改变其稳定性，并且土体的含水量由于蒸发、植被吸收、地表径流等原因而损失，即前期降雨随着时间的推移会逐步衰减。崔鹏等根据云南东川蒋家沟实测降雨资料，分析了前期降雨对泥石流形成的影响。通过实测确定出该流域前期降雨量的衰减系数为 0.78。马力等以重庆为例，分析了降水量、滑坡发生时间、滑坡发生概率三者之间的关系，并给出了计算前期降雨衰减系数的计算方法。韦方强、李铁锋等假定每次前期降水的有效降水量和其增加的土壤含水量衰减过程都是相互独立的，通过分析土壤含水量随时间的变化关系，可以得到前期有效降水量与前期降水量随时间的变化关系，从而可以确定前期有效降水量。

　　然而，利用前期有效降雨量预报泥石流时，存在的一个最大的问题是不同研究者考虑的前期降雨量时间段互不相同，差别很大。主要原因是不同地区的环境因子存在差异，土体含水量的损失存在差异。这表明使用前期降雨对泥石流进行预报的一个主要困难在于如何确定前期降雨的影响，这也使得在考虑观测时段和衰减系数时存在着相当的随意性。

　　泥石流的发生依赖于两个激发因子——降雨因子和环境背景因子。谭炳炎利用典型的临界降雨计算模型 $Y = R \cdot M$ 对山区铁路沿线实验区进行了统计分析，建立了预报各环节影响因素的临界值划分标准。但该预测模型不适用于大范围泥石流灾害历史数据的研究，主要是所使用的 1 h 和 10 min 最大降雨量的历史数据难以获取。因此建立预报模型及提高模型精度得从这两方面入手。一些研究则根据泥石流发生的不同条件，将临界降雨划分为不同的等级，并根据降雨所处的等级来确定泥石流发生的概率。而国外很多研究都利用了统计模型——Logistic 模型来预测泥石流，即直接将激发因子和地学因子作为模型的参数，回归分析出每种影响因子的贡献率。Michael 利用 Logistic 回归模型对 12 个独立变量(集水域结构、火灾烧毁程度、降雨和火灾区域内排水区的土壤特性等)的贡献率进行了分析计算，建立了研究区域含 5 个参数的预报模型。Gregory 等利用多值 Logistic 回归，对 Kansas 建立了包含降雨、坡度、土壤类型等地学因子的预报模型。日本的 Lulseged Ayalew 通过研究指出，Logistic 回归方法中，输入参数越多，模型越准确，有助于提高模型精度。国内的做法亦然，例如浙江大学的朱蕾利用双 Logistic 回归模型，以及对高危险区、中危险区、不发生地区再次使用

Logistic 回归以提高模型精度。张国平等则先用信息量模型对环境背景进行区划，再利用 Logistic 模型分析。还有的是利用贝叶斯判别来研究泥石流的发生概率。以影响因子作为计算变量，利用判别分析得出一组预报模型。其中该组模型包含两个判别函数，通过比较这两个判别函数值的大小来确定泥石流是否发生。

4.3　基于降雨量的泥石流预报模型研究

降雨是引发泥石流的重要因子，不仅为泥石流提供了诱发条件，还充当了泥石流的搬运介质。前人的研究表明，四川省的泥石流属于暴雨型泥石流，因此降雨与泥石流息息相关。时间、空间与泥石流的关系分析将使下文仅考虑降雨因子的泥石流预报更有针对性。

4.3.1　Logistic 回归模型

Logistic 回归模型是一种用于二项回归的广义线性模型。通过拟合数据的逻辑斯蒂曲线预测某一事件发生的概率，被广泛应用于医学和社会科学领域。线性回归最大的局限性是其因变量必须是定量变量。但在实际应用中，经常出现定性因变量。因此，Logistic 回归模型是有效解决不连续因变量问题的对数模型，是有效的方法之一。本书所使用的模型是 Logistic 回归模型中的一种——二值 Logistic 回归模型（binary Logistic）。该模型的因变量只能取 1 和 0 两个值。从模型角度出发，将事情发生的情况定义为 $Y=1$，事情未发生的情况定义为 $Y=0$，则因变量可由下式表示：

$$Y = \begin{cases} 1, & \text{事件发生} \\ 0, & \text{事件未发生} \end{cases} \tag{4-1}$$

假设 $X_i(i=1,2,\cdots,m)$ 为事件 Y 的影响因子，则 $P(Y=1|X_1,X_2,\cdots,X_m)$ 为事件发生的概率，$1-P$ 为事件不发生的概率。将 P 表示为自变量 X_i 的线性函数，即

$$P = \beta_0 + \beta_1 X_1 + \beta_2 X_2 + \cdots + \beta_m X_m + \varepsilon \tag{4-2}$$

由于 P 对 X_i 的变化在 $P=0$ 和 $P=1$ 附近不敏感，变化缓慢。为使这一变化幅度较大，且函数形式又不是很复杂，引入 P 的 Logit 变化，即

$$\log\mathrm{it}P = \ln\left(\frac{P}{1-P}\right) \tag{4-3}$$

式中，$P/(1-P)$ 为因变量 $Y=1$ 的差异比（odds ratio）。则二值 Logistic 回归模型表达式为

$$\ln\left(\frac{P}{1-P}\right) = \beta_0 + \beta_1 X_1 + \beta_2 X_2 + \cdots + \beta_m X_m + \varepsilon \qquad (4\text{-}4)$$

通过有限组数据回归拟合出常数项 β_0 及回归系数 $\beta_1, \beta_2, \cdots, \beta_m$，即是 x_i 对 P 的贡献量。由第 3 章中式(3-3)推出 P 的概率估计值：

$$P = \frac{\exp B}{1 + \exp B}, \quad B = \beta_0 + \beta_1 X_1 + \beta_2 X_2 + \cdots + \beta_m X_m \qquad (4\text{-}5)$$

本书正是利用 Logistic 回归模型式(4-5)计算泥石流发生概率。将泥石流事件的发生与否作为分类因变量，事件发生定义为 1，事件不发生定义为 0。将降雨、地形地貌、植被覆盖度等因子作为自变量，经过有限次的回归计算后建立泥石流发生的预测模型。

4.3.2　泥石流与降雨关系分析

4.3.2.1　泥石流时间与空间分布

泥石流是由于降水而发生在山地沟谷的一种挟带大量松散固体碎屑的洪流，是山区特有的一种自然地质现象和常见的一种突发性自然灾害。经过前人不懈的研究，总结出泥石流具有以下特点。

(1)常发性，这类泥石流多半是高频泥石流沟引起的。例如云南东川蒋家沟。

(2)突发性，主要与大规模的山区建设有关。这类泥石流沟大多是新生的，过去没有发生过泥石流的历史，突然发生，若不坚持治理，仍有发生泥石流的可能性，可称为低频泥石流。

(3)群发性，因为局部大暴雨覆盖范围一般在几百至一千多平方千米，正好是我国山区一个流域的范围。在某些具备泥石流条件的流域内，当遭受暴雨袭击时，常引发流域内各条大沟同时发生泥石流。

(4)同发性，泥石流与崩塌、滑坡、洪水在一个地区往往同时遭遇，形成灾害，因为它们要求共同的最主要的发生条件及降雨条件是一致的。

(5)转发性，滑坡为块体运动，泥石流为固液混合流，它们为两种不同方式的运动，但有时滑坡、泥石流相伴而生，滑坡可迅速转化为泥石流灾害。

降雨是引发泥石流的重要因子，不仅为泥石流提供了诱发条件，还充当了泥石流的搬运介质。前人的研究表明，四川省的泥石流属于暴雨型泥石流，因此降雨与泥石流息息相关。时间、空间与泥石流的关系分析将使下文仅考虑降雨的泥石流预报更有针对性。

从时间分布上看，四川泥石流主要集中发生在夏季 6~9 月，占统计总数的93.8%。而夏季恰是四川省的汛期，降雨量占全年降水量 70%。其中 7 月份为泥石流高发期，占全年泥石流发生频次的 30%。表明泥石流活动的变化在很大程度上受气候条件的影响，与降雨有密切的关系。图 4-1 为 1981~2004 年四川省泥石流灾害发生时间、频数与降雨量的关系。可以看出，灾害发生频数随着降雨量的增加而上升。

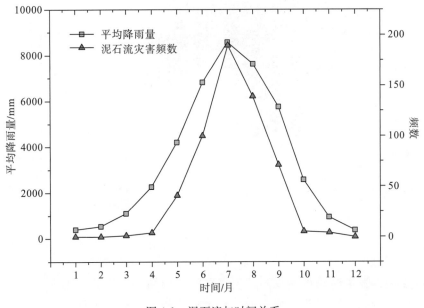

图 4-1　泥石流与时间关系

在空间分布上，四川省泥石流发生地点与大降雨分布区一致，整体上沿南北方向呈条带状分布，具有明显的区域性(图 4-2)。东部地区泥石流发生频率相对较低，但均发生在平均降雨量最大地区。大降雨量是诱发该地区泥石流的主导因子。中部四川盆地周围和南部平均雨量较东部稍低，却是泥石流发生密度最高的地区。除降雨因素外还受其他因素(如地质地貌等)影响。泥石流主要发生在高差大、断裂构造发育、岩石软弱破碎、多暴雨的地区，有明显的区域性。泥石流的区域性与四川的地质、地理和气候因素有关。

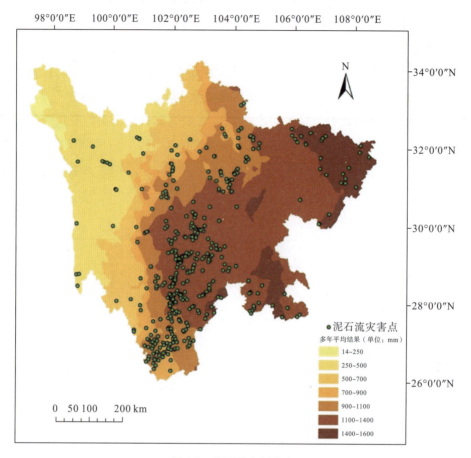

图 4-2　泥石流空间分布

　　由于灾害发生时不可能观测到灾害区的降雨情况。因此，本书需要通过插值的方法估算灾害发生当日及前期的降雨量。但由于插值方法具有一定的区域性，因此首先需比较插值方法的精度，选取适合的方法。然后利用选取的插值方法创建栅格表面，提取灾害发生当日和前期的降雨量。最后根据基于降雨的泥石流预报理论，计算降雨衰减系数和前期有效降雨，在此基础上利用 Logistic 回归模型建立泥石流与降雨量的关系。图 4-3 为基于降雨的泥石流预测流程。

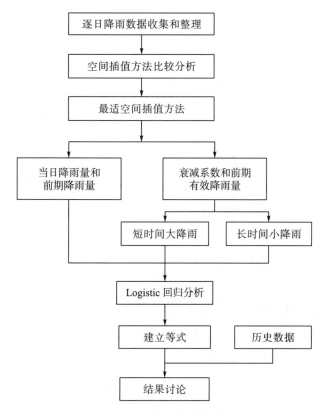

图 4-3　基于降雨量的泥石流预测流程

4.3.2.2　衰减系数

降雨对于泥石流灾害来说是一个动态因子。一次灾害的发生，前期降雨量的作用尤为重要。降雨对泥石流的影响主要体现在两方面，一是当日降雨量，二是前期降雨量。其中前期降雨量又包括影响泥石流形成的前期有效降雨量和以地表蒸发、径流等形式损失的前期损失降雨量。前期持续的降雨对泥石流的形成主要体现在雨水充分浸润泥土，大部分的雨水滞留在土体缝隙中，不仅增加土体的重力，而且使土壤极重要的力学指标——抗剪强度急剧下降，在陡坡及水力冲刷的条件下，垮塌、分崩，稀释在水的洪流中，形成泥石流灾害。

到目前为止，通过分析气象站降雨数据获取前期有效降雨仍是个难题，并且没有非常可靠的方法。研究人员所能做的是通过改进前期有效降雨的计算方法而提高其可靠性。本书所使用的前期有效降雨计算公式是由日本学者濑尾克美等1985 年提出，并在多个应用中改进的经验公式。该公式到目前依旧广泛使用在

气象学中，计算公式为

$$R_a = \sum_{i=1}^{n} k_i R_i \qquad\qquad (4\text{-}6)$$

式中，R_a 为泥石流发生前 i 日的有效降雨；$k_i(i = 0,1,2,\cdots,n)$ 为第 i 天的衰减系数；R_i 为对应的当日降雨量。该公式使用前提是假设前期有效降雨可以线性叠加。有效降雨的计算依赖于衰减系数的确定。由于本书使用的是历史灾害数据，并且认为雨量的衰减与降雨大小及降雨持续天数相关，并不能使用单一的经验系数来计算。因此利用统计的方法统计降雨量与泥石流发生时间和频率之间的关系，从而计算衰减系数。假设每天降雨的衰减过程都是独立的，即每天降雨对总有效降雨的贡献也是独立的。

根据气象中降雨强度的分类规则，降雨强度可被分成 5 类（单位：mm）：小雨(0，10)、中雨[10，25)、大雨[25，50)、暴雨[50，100)和大暴雨[100，∞)。一般情况下，小雨过后不会发生泥石流。因此本书仅统计后 4 类降雨。根据以往的研究，四川省的暴雨持续时间一般不超过 4 天，因此，本书将降雨按照持续降雨日数分为两种：第一种为短持续时间大降雨，即连续降雨时间少于 4 天；第二种为长持续时间小降雨，即连续降雨时间超过 4 天。表 4-1 和表 4-2 为两种类型的降雨与泥石流发生时间和频率关系的统计结果。表格第一列表示降雨时间，例如"前一天"表示泥石流发生前一天。

表 4-1　泥石流发生时间与频率的关系（短持续时间大降雨）

| 降雨时间 | 逐日降雨 | | | | 合计 | 频率/% |
	[10，25)	[25，50)	[50，100)	>100		
当日	49	33	28	3	113	52.07373
前 1 日	23	3	1	1	28	12.90323
前 2 日	19	3	1	0	23	10.59908
前 3 日	15	0	0	0	15	6.912442
前 4 日	8	1	0	0	9	4.147465
前 5 日	6	1	0	0	7	3.225806
前 6 日	4	3	0	0	7	3.225806
前 7 日	3	0	0	0	3	1.382488
前 8 日	5	0	0	0	5	2.304147
前 9 日	2	0	0	0	2	0.921659
前 10 日	3	2	0	0	5	2.304147

表 4-2 泥石流发生时间与频率的关系（长持续时间小降雨）

降雨时间	逐日降雨				合计	频率/%
	[10, 25)	[25, 50)	[50, 100)	>100		
当日	26	8	0	0	34	36.55914
前 1 日	8	1	0	0	9	9.677419
前 2 日	12	0	0	0	12	12.90323
前 3 日	9	0	0	0	9	9.677419
前 4 日	5	0	0	0	5	5.376344
前 5 日	6	2	0	0	8	8.602151
前 6 日	2	1	0	0	3	3.225806
前 7 日	11	0	0	0	11	11.82796
前 8 日	0	0	0	0	0	0
前 9 日	2	0	0	0	2	2.150538
前 10 日	0	0	0	0	0	0

通过比较以上两个统计表可以发现一些特征。首先，从表 4-1 可以看出，有 52.1% 的泥石流发生在当日大降雨之后，从发生频率来看，从前 1 日到前 10 日呈下降趋势。表 4-2 也显示出类似的情况。其次，从统计结果可以看出，表 4-1 中泥石流发生的频数要远大于表 4-2，即短持续时间大降雨是引发泥石流的主要降雨类型。

对频率进行曲线拟合后，将建立指数关系。如图 4-4(a) 和 (b) 所示，拟合精度分别为 97.46% 和 85.63%。而式 (4-7) 和式 (4-8) 即是相应的两种降雨类型的衰减系数。

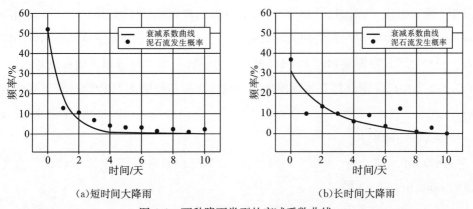

（a）短时间大降雨   （b）长时间大降雨

图 4-4 两种降雨类型的衰减系数曲线

$$f(x) = 50.8351\exp(-1.0093x) \tag{4-7}$$

$$f(x) = 30.6558\exp(-0.4131x) \tag{4-8}$$

图 4-4 显示了两种降雨类型衰减的变化。从统计变量上看，第一组曲线比第二组更规则。从曲线形状上看，第一组曲线下降速率快，而第二组要相对平缓很多，并且第一组降雨曲线衰减速率大于第二组降雨曲线的衰减速率。图 4-4(a)表明，对于短持续时间大降雨量类型的泥石流，大降雨量使松散固体物质的含水量在短时间内达到饱和。故对于某次泥石流灾害的发生，当日和前 2 日的降雨量对该次灾害的贡献率较大。随着时间的向前推移，其前 3 日至前 10 日的降雨量对该次灾害的贡献率随时间而逐渐减小，且其贡献率的变化也逐渐减小，至最后无明显变化。而对于长持续时间小降雨量类型的泥石流，由于雨量小，加之地表径流作用，使土壤含水量不能在短时间内饱和。因此，当日降雨量对泥石流的贡献率相对大降雨量类型要小。如图 4-4(b)所示，当日降雨量对泥石流灾害的贡献率依旧最大。随着时间的向前推移，降雨量对泥石流的贡献率逐渐减小，但其减小幅度相对大降雨类型更为缓慢。

4.3.3　基于降雨的泥石流预报应用

4.3.3.1　预测模型建立

本书采用 Logistic 回归来建立泥石流发生概率模型。回归的随机变量为泥石流发生的概率 P，P 取值范围为$[0, 1]$。0 表示泥石流事件必然不发生，1 表示泥石流事件必然发生。根据泥石流预报理论，认为当日降雨对泥石流有激发作用。而前期持续的降雨使得土壤充分浸润，含水量趋于饱和，从而导致土壤抗剪强度下降，形成"固体松散物质"，为泥石流的发生提供了水源条件。但前期降雨和前期有效降雨对泥石流的影响有所不同。因此，将降雨量分为两种不同的组合：一种是当日降雨量和前 10 日降雨量，另一种是当日降雨和前期有效降雨量。4.3.2.2 节中已证明前期有效降雨量的衰减系数因持续降雨日数的不同而有所区别，故在第二种降雨组合中，将有效降雨量分为两种模式：短持续时间大降雨和长持续时间小降雨。

回归分析结果如下。式(4-9)为组合 1，即以当日降雨和前 10 日降雨为自变量的 Logistic 回归结果：

$$P = 1/1 + e^{-B}$$

$$B = -0.421 + 0.213r_0 - 0.015r_1 + 0.004r_2 - 0.011r_3 + 0.013r_4$$
$$- 0.005r_5 + 0.01r_8 - 0.01r_9 + 0.005r_{10} \tag{4-9}$$

式中，r_0 表示泥石流发生当日的降雨量；$r_1 - r_{10}$ 表示前 10 日的降雨量。分类正确率为 72.2%。从表达式中可以看出，当日降雨的系数最高为 0.213，远大于前 10 日任何一天的降雨量系数。说明对于四川省泥石流来说，当日降雨的贡献率最高。

式(4-10)和式(4-11)为降雨组合 2 的回归表达式。其中式(4-10)表达了短持续时间大降雨模式的回归结果，式(4-11)表达了长持续时间小降雨的回归结果。而有效降雨衰减系数则分别使用了式(4-7)和式(4-8)。

$$P = 1/1 + e^{-B}$$
$$B = 1 + 0.496r_0 - 0.766r_a \tag{4-10}$$
$$P = 1/1 + e^{-B}$$
$$B = -0.521 + 0.24r_0 - 0.005r_a \tag{4-11}$$

式中，r_0 表示当日降雨；r_a 表示前期有效降雨。分类正确率分别为 72.3% 和 71.1%。式(4-10)中，当日降雨量的系数依旧最大，分别为 0.496 和 0.24。

4.3.3.2　准确性比较

以 2003～2004 年的泥石流事件为检验数据，将降雨量数据作为回归模型的参数计算泥石流事件发生的概率。通过比较预测结果与实际发生灾害数据的误差。分析所建立的预测模型准确性，如表 4-3 所示。

表 4-3　预测模型准确性比较

	前 10 日降雨	前期有效降雨	
		短持续时间大降雨	长持续时间小降雨
预测准确性	86.8%	89.1%	88.9%

第一组降雨组合模型的预测精度为 86.8%，第二组降雨组合的预测精度为 89.1% 和 88.9%。显然，通过对降雨分类组合建立预报模型，预测精度有微弱的提高，提高约 2%。即说明，当仅考虑降雨量这一影响因子时，当日降雨量与前期有效降雨量组合用于建立泥石流与降雨关系式更为有效。

4.4　基于环境因子的泥石流预报模型研究

本书 3.5 节中，利用信息量模型对四川省进行泥石流的危险性区划。在整个评价过程中，信息量模型所计算的各个评价因子信息量值是以泥石流事件发生频率来表示，并没有考虑影响因子在评价中所起作用的大小。而实际应用中，各影响因子对发生的地质灾害的贡献率有所不同。频率仅反映了变量数量方面的特征，表示影响程度的权重则是隐含的量。尤其是地域不同，影响因子的选取及贡献率存在差异。因此，本章将在危险性区划的基础上，采用关联度分析方法计算每个危险等级区域中影响泥石流发生的主导因子及其余各因子的权重。最后通过 Logistic 回归模型建立每个危险等级的预测模型。

4.4.1　灰色关联度方法

令 $X(i,j)$ 为灰色关联因子集，i 代表样本，N 代表样本总数（$i = 1,2,\cdots,N$），j 代表关联因子，M 代表关联因子总数（$j = 1,2,\cdots,M$），$N \geqslant M$。若把主导因子 $X(i,j)$ 作为对比，计算步骤如下：

(1)用均值化的方法把原始做量纲化处理，得出均值化矩阵 $X_1(i,j)$：

$$X_1(i,j) = X(i,j)/\overline{X}(j) \tag{4-12}$$

式中，$X_1(i,j)$ 为均值化数据；$X(i,j)$ 为原始数据；$\overline{X}(j)$ 为原始数据第 j 列（j 个因子)的平均值。

(2)进行求差序列计算。

$$\Delta(i,j) = |X_1(i,L) - X_1(i,j)| \tag{4-13}$$

式中，$\Delta(i,j)$ 为主要因子与关联因子比较后的绝对差值。

(3)计算最大绝对差值和最小绝对差值。

$$\Delta \max = \max{}^\circ\max \Delta(i,j) \tag{4-14}$$

$$\Delta \min = \max{}^\circ\max \Delta(i,j) \tag{4-15}$$

(4)计算关联系数。

$$a(i,j) = \Delta \min + K\Delta \max/\Delta(i,j) + K\Delta \max \tag{4-16}$$

式中，$a(i,j)$ 为关联系数；K 为经验系数，一般取 $K = 0.5$。

(5)计算关联度。

$$R(j) = \frac{1}{N}\sum_{i=1}^{N} = a(i,j) \tag{4-17}$$

式中，$R(j)$ 为对比序列（主导因子）与其他各因子的关联度；j 为第 j 列因子。

4.4.2　影响因子权重分析

由于诸如层次分析法、专家打分法等确定权重的方法在因子权重计算时往往存在主观性和随意性，无法客观地确定影响因子的权重。因此，为避免过多的人文因素，本书将采用关联度分析方法确定因子权重。该方法是建立在灰色系统理论基础上的一种定量方法，根据因素之间的发展趋势的相似或相异程度，作为衡量两个因素关联程度的一种方法。它不仅能够用于选取影响泥石流的敏感因子，即确定那些因子应该保留还是删去，还能客观地分析各影响因子间的主次关系并计算因子相应的权重。以下是对 5 个不同危险区影响因子的关联度分析。以泥石流灾害危险性综合评价信息量值为参考数列（L），在降雨量因子当日降雨量（q9）和前 10 日有效降雨量（q8）的基础上，增加环境背景因子：高程因子（q1）、坡度因子（q2）、坡向因子（q3）、汇流累积量（q4）、植被覆盖度（q5）、土壤类型（q6）和土地利用类型（q7），计算这些因子与泥石流危险性的关联度，并以此为基础确定各危险等级影响因子的权重。

4.4.2.1　因子关联度分析

首先，由于所选取的 9 个影响因子单位均不同，因此在计算因子间关联度前必须先进行无量纲化处理，获得标准化矩阵。本书采用常用的标准化变换计算参考序列和影响因子序列的标准化矩阵。经标准化处理后，新的数据序列量纲为 1、均值为 0、方差为 1。其次，计算参考序列与其他关联因子序列相互的绝对差值，并找出最大绝对差值和最小绝对差值，按式（4-18）计算参考序列与次要因子的关联度。其中，k 为分辨系数，其作用是减弱因最大绝对数值太大而引起的失真，提高关联系数间差异显著性，此处 k 取经验值 0.5。

$$R_j = \frac{1}{N}\sum_{i=1}^{n} \frac{\Delta\min + k\Delta\max}{\Delta(i,j) + k\Delta\max} \tag{4-18}$$

由于轻度危险区和较轻度危险区发生泥石流灾害较少，因此为了保证统计样本的数量，将两个危险等级的泥石流样本合并为一个危险等级进行统计。各危险等级因子关联度计算结果如表 4-4~表 4-7 所示，最终关联度均按照从小到大的顺序排列。

表 4-4 轻度危险区影响因子关联度系数计算结果

	q1	q2	q3	q4	q5	q6	q7	q8	q9
关联系数	0.5988	0.7003	0.7903	0.6204	0.6984	0.777	0.6688	0.7166	0.8113

排序：q1＜q4＜q7＜q5＜q2＜q8＜q6＜q3＜q9。

表 4-5 中度危险区影响因子关联度系数计算结果

	q1	q2	q3	q4	q5	q6	q7	q8	q9
关联系数	0.7262	0.7037	0.7373	0.7596	0.7114	0.7618	0.7725	0.7701	0.7548

排序：q2＜q5＜q1＜q3＜q9＜q4＜q6＜q8＜q7。

表 4-6 重度危险区影响因子关联度系数计算结果

	q1	q2	q3	q4	q5	q6	q7	q8	q9
关联系数	0.7353	0.7488	0.7597	0.7577	0.7204	0.8319	0.7487	0.7669	0.7338

排序：q5＜q9＜q1＜q7＜q2＜q4＜q3＜q8＜q6。

表 4-7 高度危险区影响因子关联度系数计算结果

	q1	q2	q3	q4	q5	q6	q7	q8	q9
关联系数	0.8107	0.7671	0.7705	0.8204	0.7525	0.8507	0.8815	0.8044	0.8531

排序：q5＜q2＜q3＜q8＜q1＜q4＜q6＜q9＜q7。

4.4.2.2 因子权重分析

对照以上各危险区因子关联度的计算结果，从小到大排列，确定每个因子在不同子区内的权重。给定权数基本单位为 1，并且以 1 为公差，依次呈等差数列排列。关联度最小的因子其权数最小，此后类推。最终，各危险区内影响因子的权重计算结果见表 4-8～表 4-11。

表 4-8 轻度危险区影响因子权重计算结果

	q1	q4	q7	q5	q2	q8	q6	q3	q9
权数	1	2	3	4	5	6	7	8	9
权重	0.5988	1.2408	2.0064	2.7936	3.5015	4.2996	5.439	6.3224	7.3017

表 4-9　中度危险区影响因子权重计算结果

	q2	q5	q1	q3	q9	q4	q6	q8	q7
权数	1	2	3	4	5	6	7	8	9
权重	0.7037	1.4228	2.1786	2.9492	3.774	4.5576	5.3326	6.1608	6.9525

表 4-10　重度危险区影响因子权重计算结果

	q5	q9	q1	q7	q2	q4	q3	q8	q6
权数	1	2	3	4	5	6	7	8	9
权重	0.7204	1.4676	2.2059	2.9948	3.744	4.5462	5.3179	6.1352	7.4871

表 4-11　高度危险区影响因子权重计算结果

	q5	q2	q3	q8	q1	q4	q6	q9	q7
权数	1	2	3	4	5	6	7	8	9
权重	0.7525	1.5342	2.3115	3.2176	4.0535	4.9224	5.9549	6.8248	7.9335

　　经过结果的对比分析，由于研究区被划分为更小的子区，而这些子区以危险程度为划分标准，因此同一危险度的子区，其下垫面环境被认为是相似的，即因子对泥石流影响程度一致。而不同子区因下垫面环境存在差异，故同一因子的权重有所差异，并且影响泥石流的主导因子也有所不同。

　　轻度危险区和较轻度危险区的当日降雨(q9)和坡向(q3)是主要影响因子，其权重分别为 7.3017 和 6.3224。

　　中度危险区，即四川东部和东南部地区。土地利用类型(q7)权重位居第一，表明该地区人为影响较为严重。有效降雨量因子(q8)的权重次之，与该地区年降雨量占全区比重最大致吻合。

　　重度危险区的影响因子权重计算结果显示，土壤类型(q6)是该子区最主要的影响因子。由于该子区内土壤类型抗剪强度较弱，极易发生灾害，与危险性关联程度最大。降雨的累积对该地区也具有重要影响，因此有效降雨量(q8)也是该地区的一个主要影响因子。

　　高度危险区的土地利用类型、当日降雨和土壤类型权重较大，是该地区的主要影响因子。

4.4.3　分区域的泥石流预报模型

4.4.3.1　模型建立

根据所选取的影响因子及通过关联度分析计算的各危险区因子权重，利用 Logistic 回归模型建立考虑降雨因子和环境因子的泥石流预报模型。依旧选取距离灾害发生点最近的气象观测点作为未发生泥石流的记录，以用于回归计算。为了保证回归参数步长的一致性，因此建立预报模型将采用 2002~2004 年中随机抽取的 80％的样本数据，剩余 20％的数据将作为检验数据。此外，因轻度危险区和较强度危险区的样本点不能满足回归的样本数量条件，因此本书只对后三个危险子区进行分析。

和一般线性回归不同，Logistic 回归采用最大似然估计获得参数估计值，而不是一般的最小二乘法。MLE 依赖于大样本渐进正性质，这就意味着在样本容量较少的情况下，获得估计值的可靠性降低，标准误差较高。在极端情况下，相对变量个数、样本很亮很小可能导致参数估计不收敛。一般认为每一自变量需要 15~20 例以上的观察个体，总数应在 60 例以上。

利用赋予权重后的 9 个参数进行 Logistic 回归，建立的泥石流与各影响因子关系为：x_1 表示高程，x_2 表示坡度，x_3 表示坡向，x_4 表示汇流累积量，x_5 表示植被覆盖度，x_6 表示土壤类型，x_7 表示土地利用类型，x_8 表示有效降雨量，x_9 表示当日降雨量。

中度危险区预报模型：

$$P = 1/1 + e^{-B}$$
$$B = -1.435 + 0.082x_2 - 0.01x_3 + 1.837x_5 \qquad (4\text{-}19)$$
$$+ 16.658x_6 + 1.181x_7 + 0.08x_8 - 0.011x_9$$

重度危险区预报模型：

$$P = 1/1 + e^{-B}$$
$$B = -0.069 + 0.008x_2 + 0.001x_3 + 0.921x_5 \qquad (4\text{-}20)$$
$$+ 34.25x_6 - 3.176x_7 - 0.111x_8 + 0.011x_9$$

高度危险区预报模型：

$$P = 1/1 + e^{-B}$$
$$B = 2.068 + 0.02x_2 - 0.01x_3 + 0.283x_5$$

$$-0.059x_6 - 3.31x_7 + 0.004x_8 - 0.007x_9 \tag{4-21}$$

模型建立后,采用-2 Log likehood、Cox & Snell R^2 和 Nagelkerke R^2 评价三个模型拟合优度。结果如表 4-12 所示。

表 4-12　模型拟合优度评价

危险区	-2 Log likelihood	Cox & Snell R^2	Nagelkerke R^2
中度危险区	55.121	0.212	0.282
重度危险区	52.283	0.257	0.343
高度危险区	17.281	0.691	0.930

首先,在-2 Log likehood 值的比较中,高度危险区的值最小,即说明高度危险区模型拟合最为理想。其次,决定系数 Cox & Snell R^2 和 Nagelkerke R^2 统计量也是描述模型拟合优度的指标。Cox & Snell R^2 越大,则模型拟合度越好。高度危险区的 Nagelkerke R^2 最接近 1。三个子区相应的模型分类正确率分别为 77.1%、87.6% 和 95.7%,这也从另一个方面说明高度危险区模型预测能力最强。

4.4.3.2　准确性检验

将随机抽取的 2002~2004 年数据样本的 20% 作为检验数据,分别代入式(4-19)~式(4-21),检验结果见表 4-13。同时,将相同数据代入 4.3 节所建立的仅考虑降雨的预测模型,比较两种模型的预测准确性。

表 4-13　预测模型准确性比较

	预测准确性/%	
	考虑环境因子的模型	仅考虑降雨的模型
中度危险区	60.8	56.3
重度危险区	64	61
高度危险区	75.9	71

考虑环境因子后,每个子区所建立模型的预测准确性均高于仅考虑降雨量的预测模型的预测准确性。比较而言,虽然中度危险区考虑环境因子后,预测精度提高了将近 6 个百分点,却是三个模型中预测精度最低的。从总体上分析,依旧是高度危险区预测模型较优,不但预测精度高,达到 75%,而且横向比较仅考虑降雨的预测模型,精度提高了将近 5 个百分点。

4.5 基于 Bayes 判别分析法的泥石流预报研究

Bayes 判别分析法是将 Bayes 思想与判别分析相结合的一种多元统计方法，可以用来处理分类问题，操作简单，易于理解，应用到很多实际领域，但在泥石流预报研究方面国内报道却较少，本书将泥石流看成一个二分类事件，以 Bayes 判别分析法进行相关预报研究。

本节将以四川省泥石流为研究对象，利用 Bayes 判别分析进行泥石流灾害的预报模型研究。首先，以 GIS 中的空间分析技术为工具，考虑环境因子对降雨进行空间插值比较，选用较好的空间插值方法获取四川省的逐日降雨量；其次，利用主成分分析方法对几个降雨量参数进行分析，并分别以降雨因子和环境因子为预报因子，采用 Bayes 判别分析建立泥石流预报判别式，流程图如图 4-5所示。

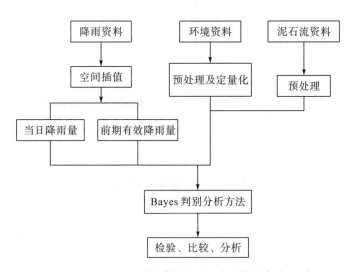

图 4-5 基于 Bayes 判别法的泥石流预报研究流程图

4.5.1 Bayes 判别分析方法

线性判别分析(linear discriminant analysis)是一种确定性预报模型，根据分类明确的训练样本及其独立的若干个指标的观测值建立各类关于这些指标的判别函数和判别准则，然后依据这个判别函数和判别准则对新的样本进行判别分类，并以回代判别的准确率为依据来评价分类的精度。判别分析的内容主要包括建立

判别准则、建立判别函数、回代样本和估计回代的准确率。判别函数等式的一般
形式为

$$Y_i = c_1 x_1 + c_2 x_2 + \cdots + c_n x_n + c_0 \tag{4-22}$$

式中，Y_i 为判别类型值（可以是连续的也可以是离散的），i 表示所有类型的个数
$x_1, x_2, \cdots, x_n$ 为研究对象的指标变量；$c_1, c_2, \cdots, c_n$ 为各个指标变量的系数，称为
判别系数；c_0 为判别函数的常量。

对于分类而言，还有一种聚类分析方法，与判别分析不同的是，聚类分析是
在不知道样本类别和分类数量情况下，无需收集相关历史资料，直接对总体样本
进行分类分析；而判别分析必须在样本类别和分类数量已知的情况下对相关历史
资料进行分析并建立判别函数，最后再对个体样本进行分类。本书选用一种以
Bayes 思想为判别准则的判别分析方法——Bayes 判别分析法。

1961 年，Warner 等人首次将此方法运用到先天性心脏病研究中，借助计算
机得出的判别结果与心脏病专家的检查诊断结果一致。贝叶斯判别分析法（Bayes
discriminant analysis）是以 Bayes 条件概率思想为判别准则推出来的判别分析法，
假定对研究对象总体有一定的认识（先验条件概率），用训练样本来修正这个先验
条件概率分布，得到后验概率，以其判别准则对新样本进行分类，新样本的判归
为后验概率最大的总体。

1. 先验概率的计算

在进行 Bayes 判别分析之前，需要先确定研究对象总体的先验概率 q_i。一种
情况：有时先验概率并不好确定，就用样本频率表示，即 $q_i = \dfrac{n_i}{n}$，n_i 是总体样
本中分类类别为第 i 类的样本数目，且 $n_1 + n_2 + \cdots + n_k = n$；另一种情况：有时
会假设先验概率相等，即 $q_i = \dfrac{1}{k}$。本书选用第一种情况的先验概率计算方法。

2. 判别函数的推导

设 k 个总体 $G_1, G_2, \cdots, G_k$ 服从 p 维正态分布，各个总体的密度函数 $f_i(x)$ 为

$$f_i(x) = (2\pi)^{-p/2} \left| \sum_{(i)} \right|^{-1/2} \cdot \exp \left\{ -\frac{1}{2} (x - \mu_{(i)})' \sum_{(i)}^{-1} (x - \mu_{(i)}) \right\} \tag{4-23}$$

式中，$\sum_{(i)}$ 和 $\mu_{(i)}$ 分别是第 i 类总体的协方差矩阵和均值向量，将 $f_i(x)$ 代入

Bayes 的后验概率计算式(4-24)，为了找出使最大的 i，将后验概率计算公式等价于表达式(4-25)：

$$P(i/x) = \frac{q_i f_i(x)}{\sum\limits_{j=1}^{k} q_j f_j(x)}, \quad i = 1, \cdots, k \tag{4-24}$$

$$q_i f_i(x) \xrightarrow{i} \max \tag{4-25}$$

对式(4-25)进行化简整理，取对数得到式(4-26)，删掉与 i 无关的项得到式(4-27)：

$$\ln(q_i f_i(x)) = \ln q_i - \frac{1}{2}\ln|E_{(i)}| - \frac{1}{2}(x - \mu_{(i)})' \sum\nolimits_{(i)}^{-1}(x - \mu_{(i)}) \tag{4-26}$$

$$Z(i/x) = \ln q_i - \frac{1}{2}\ln|E_{(i)}| - \frac{1}{2}x'\sum\nolimits_{(i)}^{-1}x - \frac{1}{2}\mu'_{(i)}\sum\nolimits_{(i)}^{-1}\mu_{(i)} + x'\sum\nolimits_{(i)}^{-1}\mu_i \tag{4-27}$$

结合式(4-27)，问题转化成为

$$Z(i/x) \xrightarrow{i} \max \tag{4-28}$$

为了减少计算量，$Z(i/x)$ 函数需要进一步简化。如果假设各个总体协方差阵相等，即 $\sum_{(1)} = \sum_{(2)} = \cdots \sum_{(k)} = \sum$，那么当求式(4-28)的最大值时，$\frac{1}{2}\ln\left|\sum_{(i)}\right|$ 和 $\frac{1}{2}x'\sum\nolimits_{(i)}^{-1}x$ 两项式可以去掉，得到判别函数为

$$y(i/x) = \ln q_i - \frac{1}{2}\mu'_{(i)}\sum\nolimits^{-1}\mu_{(i)} + x'\sum\nolimits^{-1}\mu_{(i)} \tag{4-29}$$

式(4-29)也可以写成如下形式：

$$y(i/x) = \ln q_i + C_{0(i)} + C_{i(i)}x_i \tag{4-30}$$

式中，先验概率 $q_i = n_i/n$；$C_{0(i)} = -\left(\frac{1}{2}(\mu_{(i)})^T \sum\nolimits_{(i)}^{-1} \mu_{(i)}\right)$；$C_{i(i)} = \sum\nolimits_{(i)}^{-1} \mu_{(i)}$。该函数也是一个线性判别函数，判别准则是 $Z(i/x) = \max\limits_{1 \leqslant i \leqslant k}\{y(i/x)\}$，即判定 x 属于第 i 类别总体。

以泥石流事件为研究对象，按照 Bayes 判别方法建立泥石流发生判别函数 f_1 和泥石流不发生判别函数 f_0。其判别准则为：$f_1 > f_0$ 时，判定泥石流发生；$f_1 < f_0$ 时，判定泥石流不发生。

4.5.2　预报模型因子选取

4.5.2.1　降雨因子的主成分分析

降雨一直是泥石流灾害预报研究中一个重要的影响参数，多数泥石流的爆发是由降雨导致的。降雨一方面是泥石流的组成部分，能够作为动力源搬运松散的固体物质；另一方面，雨水渗入到固体物质中达到其稳定性临界状态，加之自身重力的影响，就引起了泥石流灾害的爆发。

在泥石流发生的过程中，我们采用孟河清对前期降雨的定义进行理解，前期的降雨量是一个不断累积的过程，雨水降落到地面上，渗透到松散的固体物质中，如土壤、岩石碎屑。经过一定的时间，它们的含水量达到饱和临界状态，此时土壤的抗剪强度及岩体之间的凝聚力都逐渐降低，当遇到短时间强降雨（当日降雨或是几小时内降雨）时就会爆发泥石流。对于土体中所含前期降雨的测量是较为困难的，目前主要选取合适的衰减系数，通过公式（式(4-6)）计算前期有效降雨量参数。这其中有两个需要注意的方面，即衰减系数的选取和前期时间段的确定，两者的研究也得到许多学者的重视，最先由 Crozier 和 Eyles 在降雨型滑坡预报中引用前 10 天的有效降雨指数；Zêzere 等考虑 $K=0.9$，取 $n=30$；《中国泥石流》中取 $K=0.8$，$n=20$；王礼先等在研究北京地区的泥石流时，取 $K=0.8$，$n=15$，由此可以看出，不同区域的泥石流对应不同时段的有效降雨。

上述衰减系数 K 的取值一般是经验值，缺乏一定的实际针对性，不同研究区域的不同降雨类型的衰减系数是有差别的。针对四川省降雨状况，本书采用 Xu 等提出的衰减系数等式分别计算短时间大降雨和长时间小降雨的有效降雨量系数：

$$f(x) = 50.8351\exp(-1.0093x) \tag{4-31}$$

$$f(x) = 30.6558\exp(-0.4131x) \tag{4-32}$$

式中，x 表示天数。再利用式(4-6)计算前 n 天的有效降雨量，根据一些研究，n 取值一般为 3、5、10、14 和 15。

为了进一步确定泥石流预报中的降雨因子，选取一定量的泥石流发生的气象站降雨数据资料经过 Co-Kriging 空间插值进行整理，以及提取相对应的 TRMM 降雨数据集中 3 h 的降雨资料，得到 7 个降雨参数：前 3 天（x_1）、前 5 天（x_2）、前 10 天（x_3）、前 14 天（x_4）、前 15 天（x_5）有效降水、当日降水（x_6）及 3 h 最大

降水 (x_7) 作为降雨研究变量，利用 SPSS 软件进行主成分分析，并对所得到的相关图表进行分析。

从主成分分析法所得到的碎石图 (图 4-6) 看出，所得主成分有 7 个：第 1 和第 2 主成分特征值都大于 1，第 3 主成至第 7 主成分特征值都小于 1，可以忽略。

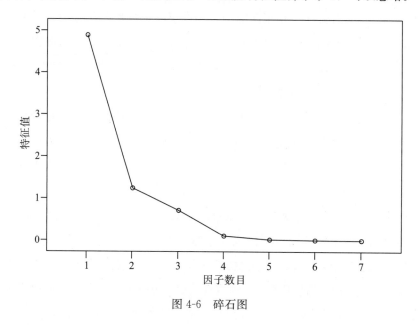

图 4-6   碎石图

从所得主成分的特征值、贡献率和累计贡献率表 (表 4-14) 可以得出，第 1 和第 2 主成分的特征值分别为 4.903 和 1.250，第 2 主成分的累计贡献率为 87.898%，因此认为第 1 主成分和第 2 主成分可以反映出原降雨变量的基本信息。

表 4-14   主成分特征值、贡献率和累计贡献率

主成分	特征值	贡献率/%	累计贡献率/%
1	4.903	70.040	70.040
2	1.250	17.858	87.898

由表 4-15 的主成分系数矩阵得出两个主成分的表达式，如下：

第 1 主成分：

$$F_1 = 0.199x_1 + 0.200x_2 + 0.202x_3 + 0.202x_4 + 0.202x_5 + 0.043x_6 + 0.005x_7$$

第 2 主成分：

$$F_2 = -0.028x_1 - 0.033x_2 - 0.023x_3 - 0.016x_2 - 0.608x_6 + 0.654x_7$$

表 4-15　主成分系数矩阵

特征向量	主成分 1	主成分 2
x_1	0.199	−0.028
x_2	0.200	−0.033
x_3	0.202	−0.023
x_4	0.202	−0.016
x_5	0.202	−0.016
x_6	0.043	0.608
x_7	0.005	0.654

从第 1 主成分的表达式可以看出，前期有效降水对泥石流的发生的贡献最大，加之综合考虑这几个有效降雨获得的过程，将前 10 天的有效降雨量作为第 1 主成分；在第 2 主成分表达式里，当日降雨和 3 h 最大降雨的贡献最大，当前期有效降雨达到一定的饱和临界状态，而在某一天再遇到强降雨，就可能爆发泥石流。在此第 2 主成分可以作为当日降雨因子看待。

综上分析，四川省内泥石流受前期有效降雨和当日降雨的共同影响，本书建立泥石流预报模型时，选取当日降雨和前 10 天有效降雨作为预报模型的降雨因子，进行区域泥石流预报研究，也为泥石流防治起到积极的作用。

4.5.2.2　环境因子

大量松散的固体物质、险峻的地势和地形水源条件是泥石流形成的三个必备条件。其中水源条件在前面的章节中已经进行了分析讨论，而泥石流的发生还依赖于周围的背景环境所提供的条件，即丰富的固体物质和峻峭的地形。

社会在迅速发展，自然因素和人类活动使生存环境不断地演化，在此过程中，泥石流就是环境恶化而引起的一种自然灾害现象。对于不同环境发育的区域，引起泥石流的环境条件也是不尽相同的。自然条件主要是地形地貌、地质构造、气象等方面时刻促进着环境的变化，而人类的经济活动中存在着一些不合理的工作，在某种程度上破坏了生态环境的平衡，如土地开垦、工程施工的碎屑物任意堆积等，这些都加剧了泥石流的发生频率。

参考国内外关于环境评价因子的研究，并同时考虑环境数据的获取、可靠性及其经济情况。本书选取植被覆盖度、土壤类型、土地利用及 DEM 中的高程、坡度、坡向、汇流累积量作为泥石流环境背景因子。因此，在已知的降水情况下，结合区域的环境状况进行预报，在一定程度上提高了预报的准确性。近年来，通过 RS 技术对泥石流灾害的调查，以及建立泥石流灾害相关数据库，为泥石流灾害预报提供了一定的数据基础。

4.5.3　基于 Bayes 判别分析预报研究

采用 Bayes 判别分析法建立全省区域和高发区域两种不同区域大小的泥石流预报模型，研究区域大小对 Bayes 判别的预报模型的影响。对不同区域范围1981～2004 年泥石流历史资料进行整理及选取，之后进行 Bayes 判别分析，判别的结果有 0 和 1，其中 0 表示泥石流灾害事件不发生，1 表示泥石流灾害事件发生。降雨是泥石流的激发因素和泥石流固体物质的搬运介质，进行泥石流形成中降雨的分析，降雨因子在第 3 章中经过主成分分析，选取当日降雨和前 10 日的有效降雨作为模型预报因子，孕育泥石流灾害的背景环境也是不容忽视的重要因素。为泥石流提供了物质与能源条件。图 4-7 为本部分的流程图：

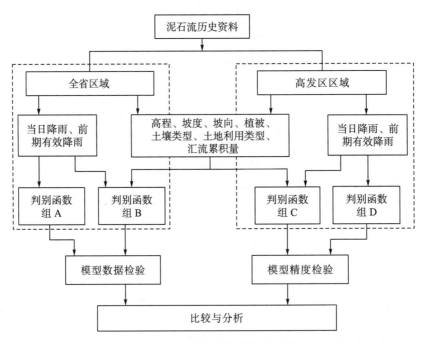

图 4-7　Bayes 预报模型比较流程图

4.5.3.1 全省区域 Bayes 判别预报模型

1. 模型建立

根据 4.4.3 节所确定的降雨因子和环境因子：高程(x_1)、坡度(x_2)、坡向(x_3)、汇流累积量(x_4)、植被覆盖度(x_5)、土壤类型(x_6)、土地利用类型(x_7)、当日降雨(x_8)及前期有效降雨(x_9)作为预报因子，对四川全省区域 1981～2000年 284 个泥石流发生点的历史资料数据进行整理。基于 Bayes 判别分析方法的原理，通过 SPSS 数据分析软件工具中的 Discriminant（判别分析）对这些数据进行建模分析，得到泥石流预报模型判别函数组如下：

基于降雨因子的预报判别函数组：

$$A\begin{cases} f_1 = -0.010x_8 + 0.095x_9 - 1.080 \\ f_0 = -0.106x_8 + 0.211x_9 - 1.075 \end{cases} \tag{4-33}$$

先利用 Z-score 标准化方法对环境和降雨组合的预报因子进行标准化处理，计算方法为用每一个预报因子值与其平均值的差除以该预报因子的标准差，得到标准化环境和降雨组合的预报因子：高程(Zx_1)、坡度(Zx_2)、坡向(Zx_3)、汇流累积量(Zx_4)、植被覆盖度(Zx_5)、土壤类型(Zx_6)、土地利用类型(Zx_7)、当日降雨(Zx_8)、有效降雨(Zx_9)，再进行 Bayes 判别分析建模。

基于降雨和环境因子的预报判别函数组：

$$B: \begin{cases} \begin{aligned} f_1 = &-0.117Zx_1 + 0.277Zx_2 - 0.009Zx_3 + 0.065Zx_4 - 007Zx_5 \\ &+ 0.135Zx_6 - 0.043Zx_7 + 0.612Zx_8 - 0.416Zx_9 - 0.768 \end{aligned} \\ \begin{aligned} f_0 = &\ 0.243Zx_1 - 0.620Zx_2 + 0.019Zx_3 - 0.141Zx_4 + 0.012Zx_5 \\ &- 0.294Zx_6 + 0.093Zx_7 - 1.307Zx_8 + 0.871Zx_9 - 1.051 \end{aligned} \end{cases}$$

$$\tag{4-34}$$

式中，f_1 与 f_0 分别是泥石流发生与不发生的函数值。

判别准则：如果 $f_1 > f_0$，判定该区域发生泥石流；如果 $f_1 < f_0$，判定该区域不发生泥石流。

2. 模型检验

本书的模型检验包含模型数据检验和模型精度检验。前者是在预报判别模型建立之前，需要对参与建模的相关数据进行分析，通过获得 Wilks' λ 统计量的参数数值，检验这些预报因子变量本身的特征及对模型的影响。后者是预报模型中必不可少的步骤，它是在判别模型函数组建立之后，对其判别准确程度的一种检验，以及明确此判别函数的错判情况。

1）模型数据检验

该区域的泥石流样本预报因子变量数据不服从正态分布，说明总体不满足多元正态分布的假设，并且也表明两类总体不满足协方差相等的假设条件。在此情况下，通常选用 Wilks' λ 统计量对 BDA 的判别函数的有效性进行检验，Wilks' λ 的值越小越好，表示变量对模型的影响越显著。如果显著性参数值小于 0.05，判别函数的显著性显著，说明判别函数有效可以用来进行判别分析，Wilks' λ 结果如表 4-16 所示。

表 4-16　Wilks' λ 统计量

函数	Wilks' λ	卡方值	自由度	显著值
A	0.872	56.344	2	5.82e−013
B	0.752	116.050	9	8.58e−012

注：A 表示基于降雨因子的泥石流预报模型，B 表示基于降雨和环境因子的泥石流预报模型。

由表 4-16 可以得出，基于降雨和环境因子的泥石流预报模型与基于降雨因子的泥石流预报模型的显著性的值都是远小于 0.05，说明这两个判别函数对泥石流的判别分析具有有效性；基于降雨和环境因子的泥石流预报模型的 Wilks' λ 和显著性值都比基于降雨因子的泥石流预报模型的值小，表明前者的判别函数要比后者判别更有效。

2）模型精度检验

在进行模型准确程度检验时，本书选取回判预报检验和外推预测检验。

常用的回判检验方法有两种：自身验证和交叉检验。两者检验都是对训练样本的一种回判，无额外样本。前者是利用自身的训练样本将其代入所得判别函数，后者是目前比较重要的一种模型效果检验方法（上述空间插值也是采用了此种验证法），以样本二分法为基础，对已建立的预报模型进行依此类推的检验。

另外，还有一些别的验证方法，例如，利用额外收集的样本数据对已建立的判别函数进行检验，理论上是较好的，实际问题是并不能保证额外样本也与训练样本的同质性，而额外样本不参加建模过程，比较浪费。

经过自身检验和交叉检验，所得结果如表 4-17 所示。

表 4-17　全省区域 Bayes 判别的回判检验　　　　　　（单位：%）

预报因子	验证方法	总的判别正确率	泥石流发生判别正确率	泥石流不发生判别正确率
降雨因子	自身验证	65.5	58.5	80.9
	交叉验证	62.7	58.5	71.8
降雨因子与环境因子	自身验证	73.4	70.3	80.2
	交叉验证	72.5	69.3	79.4

从表 4-17 可以看出：①在自身验证和交叉验证中，基于降雨和环境因子的预报模型的总正确率都比基于降雨因子的预报模型高；②在基于降雨和环境因子的预报模型中，自身验证总的正确率与交叉验证总的正确率相差 0.9%，而基于降雨因子的预报模型中，两者相差 2.8%，进一步说明了以降雨和环境因子为预报因子的预报模型比以降雨为预报因子的模型稳定一些。

以 2001～2004 年全省泥石流的降雨和环境数据作为外推预测检验数据，对上述的判别模型进行外推检验，得到的结果如表 4-18 所示。

表 4-18　全省区域 Bayes 判别的外推检验　　　　　　（单位：%）

预报因子	总的判别正确率	泥石流发生判别正确率	泥石流不发生判别正确率
降雨因子	55.8	56	54.5
降雨与环境因子	58.3	45.1	81

4.5.3.2　高发区域 Bayes 判别预报模型

为了增加预报模型的实用性和精度，本小节以四川省危险性区划图（图 4-8）为基础，选取其中的危险性高度区作为研究区域，对四川省泥石流高发区进一步探讨 Bayes 判别分析法的预报模型，并与全省区域的预报判别模型进行比较。

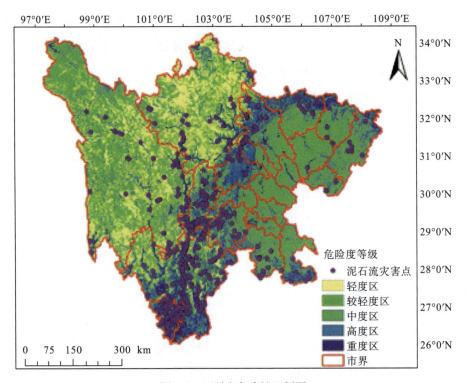

图 4-8　四川省危险性区划图

1. 模型建立

将 4.5.2 节所确定的降雨因子和环境因子（x_1、x_2、x_3、x_4、x_5、x_6、x_7、x_8、x_9）作为预报因子，整理四川省泥石流高发区域 1981～2000 年 131 个泥石流发生点的资料数据，并标准化处理环境与降雨组合的预报因子，之后利用 SPSS 中的判别分析进行数据分析和 Bayes 判别建模，得到的判别函数组如下。

基于降雨因子的预报判别函数组：

$$C: \begin{cases} f_1 = -0.053x_8 + 0.201x_9 - 1.247 \\ f_0 = -0.150x_8 + 0.311x_9 - 1.137 \end{cases} \tag{4-35}$$

通过标准化处理，得到标准化环境和降雨组合的预报因子：高程（Zx_1）、坡度（Zx_2）、坡向（Zx_3）、汇流累积量（Zx_4）、植被覆盖度（Zx_5）、土壤类型（Zx_6）、土地利用类型（Zx_7）、当日降雨（Zx_8）、有效降雨（Zx_9），再进行 Bayes 判别分析建模。

基于降雨与环境因子的预报判别函数组：

$$D:\begin{cases} f_1 = 0.061Zx_1 + 0.318Zx_2 - 0.169Zx_3 + 0.115Zx_4 + 0.044Zx_5 \\ \quad\quad + 0.172Zx_6 - 0.105Zx7 + 0.452Zx_8 - 0.195Zx_9 - 0.799 \\ f_0 = -0.144Zx_1 - 0.744Zx_6 + 0.394Zx_3 - 0.268Zx_4 - 0.102Zx_5 \\ \quad\quad - 0.403Zx_6 + 0.247Zx_7 - 1.057Zx_8 + 0.457Zx_9 - 1.274 \end{cases}$$

$$(4\text{-}36)$$

式中，f_1 与 f_0 分别是泥石流发生与不发生的函数值；x_1、x_2、x_3、x_4、x_5、x_6、x_7、x_8、x_9 分别为高程、坡度、坡向、汇流累积量、植被覆盖度、土壤类型、土地利用类型、当日降雨及前期有效降雨。

判别准则：如果 $f_1 > f_0$，判定该区域发生泥石流；如果 $f_1 < f_0$，判定该区域不发生泥石流。

2. 模型检验

数据检验和精度验证的方法同 4.5.1 节。

1）模型数据检验

采用 Wilks' λ 统计量对 BDA 的判别函数有效性进行检验。所得结果如表 4-19 所示。由表 4-19 可知，在此区域内，基于降雨和环境因子的预报模型和基于降雨因子的预报模型的显著性的值都远小于 0.05，说明这两个判别函数对泥石流的判别分析具有有效性；基于降雨和环境因子的预报模型的 Wilks' λ 与显著性值都比基于降雨因子的预报模型的小，表明前者的判别函数要比后者更好些。

表 4-19　Wilks' λ 统计量

函数	Wilks' λ	卡方值	自由度	显著值
C	0.878	23.890	2	6.49e-006
D	0.666	73.425	9	3.23e-012

注：C 表示基于降雨因子的泥石流预报模型，D 表示基于降雨和环境因子的泥石流预报模型。

2）模型精度检验

采用自身验证和交叉检验两种方法进行该区域的回判检验。所得结果如表 4-20 所示。

表 4-20　高发区域 Bayes 判别的回判检验　　　　　　　　　　（单位：%）

预报因子	验证方法	总的判别正确率	泥石流发生判别正确率	泥石流不发生判别正确率
降雨因子	自身验证	67.4	58.0	89.3
	交叉验证	66.3	56.5	89.3
降雨因子与环境因子	自身验证	80.7	79.4	83.9
	交叉验证	77.0	76.3	78.6

比较表 4-20 可知：①在自身验证和交叉验证中，后者的总正确率都比前者的高；②以降雨为预报因子的预报模型（相差 1.1%）比以降雨和环境因子为预报因子的预报模型（相差 2.7%）稍微稳定；③虽然后者的总正确率都比前者的高，但从泥石流发生的判别正确率来看，前者的正确率要比后者高，具有稳定性。

以 2001~2004 年的泥石流高发区域的降雨和环境数据作为外推预测检验数据，对上述判别模型进行外推检验，得到的结果如表 4-21 所示。

表 4-21　高发区域 Bayes 判别的外推检验　　　　　　　　　　（单位：%）

预报因子	总的正确率	泥石流发生正确率	泥石流不发生正确率
降雨因子	56.4	54.2	60
降雨与环境因子	62.7	55.7	75

比较回判检验与外推检验，即由表 4-18 对比表 4-17 和由表 4-21 对比表 4-20 所知：从总的判别正确率上，无论基于何种预报因子 Bayes 判别的外推检验的精度都要比回判检验的低，但所得结果趋势一致。判别分析方法主要以事件的影响因素对事件所属的类别进行判定，说明在泥石流预报分类这个问题上，还有一些分类影响因素没有考虑进去，另外，样本量的大小也是影响精度的一个方面。

4.6　小　　结

本章采用了三种预测方法对泥石流发生进行预测，其侧重点各不相同。

（1）基于降雨的泥石流预报从泥石流的激发条件出发，建立一套完整的仅考虑降雨量的方法来预测四川省泥石流，分别用两组降雨组合：①当日降雨与前10 日降雨；②当日降雨与前 10 日有效降雨，建立泥石流与降雨之间的关系。结果显示无论是哪种降雨组合，当日降雨量的系数最大，即说明当日降雨量对泥石流的贡献率最大。通过比较两组降雨组合发现，第二组（即当日降雨和短时间大降雨，当日降雨和长时间小降雨的预测准确性）（89.1％和 88.9％）比第一组的（86.8％）高。说明有效降雨与泥石流发生联系紧密。此外，当预测参数仅考虑降雨时，采用前期有效降雨更为有效。

（2）基于环境因子的泥石流预报建立在不同的子区环境中，理论上各因子的影响程度存在差异。因此，首先利用关联度分析法，分子区计算所选 9 个影响因子的权重，然后利用 Logistic 回归建立不同子区的泥石流预报模型。分析不同危险区的预测结果。

1）不同的危险区，其相同影响因子的权重有所不同。中度危险区，人为影响因子较为严重，土地利用类型因子权重最大。重度危险区，土壤类型抗剪强度较弱，极易发生灾害，与危险性关联程度最大，土壤类型（q6）是该子区最主要的影响因子。降雨的累积对该地区也具有重要影响，因此有效降雨量（q8）也是该地区的一个主要影响因子。高度危险区，土地利用类型、当日降雨和土壤类型权重较大，是该地区的主要影响因子。

2）在危险子区的基础上，建立三个不同危险程度下的泥石流预测模型。较仅考虑降雨的模型而言，三个模型的预测准确度均有提高，分别提高了 4.5 个百分点、3 个百分点和 4.9 个百分点。由此，环境因子对于泥石流的预报十分重要。较之传统的仅考虑降雨的预报，分子区研究这一方法将有助于提高预测的准确度。

（3）基于 Bayes 判别分析方法的预测模型，对全省区域泥石流分别建立以降雨因子为预报因子和以降雨和环境因子为预报因子的模型，以及高发区域的两种情况的建模。其优势是结合了降雨和环境因子两种因素。

将全省区域的预报模型与高发区的模型在模型精度检验中进行对比，得到如下结果。

（1）在预报因子方面，全省区域与高发区域的模型在总的判别正确率之上，都是降雨和环境因子组合模型比只考虑降雨因子的高，虽然降雨因子对泥石流爆发起主要影响，而环境的影响也是不容忽视的，两者因子相互作用是必需的；另外对于不同的研究区域，Bayes 判别预报模型的稳定性也有所不同：全省区域以降雨和环境为预报因子的模型较为稳定，高发区域以降雨为预报因子的模型最为稳定。

（2）在研究区域大小方面，高发区预报模型的总的判别正确率比全省区域的模型高，对全省区域泥石流建模是从整体上的一种预报，由于其中一些影响因子的作用被弱化，使得精度不够高，而高发区域是经过泥石流危险性区划之后得到的危险性相对较一致的区域，各因子发挥自身的影响而导致泥石流发生。但是该高发区没有一个统一界限，比较分散，不利于管理，因此在第 4 章节中以攀枝花市和凉山彝族自治州为研究区域，继续泥石流预报模型的研究。

参 考 文 献

[1] Guzzetti F，Peruccacci S，Rossi M，et al. Rainfall thresholds for the initiation of landslides in central and southern Europe[J]. Meteorology and Atmospheric Physics，2007，98(3−4)：239 −267.

[2] Wilson R C，Wieczorek G F. Rainfall thresholds for the initiation of debris flow at La Honda，California[J]. Environmental and Engineering Geoscience，1995，1(1)：11−28.

[3] Miller S，Brewer T，Harris N. Rainfall thresholding and susceptibility assessment of rainfall-induced landslides：Application to landslides management in St Thomas，Jamaica [J]. Bulletin of Engineering Geology and the Environment，2009，68(4)：539−550.

[4] Chen C Y，Lin L Y，Yu F C，et al. Improving debris flow monitoring in Taiwan by using high-resolution rainfall products from QPESUMS. Natural Hazards，2007，40(2)：447 −461.

[5] Shieh C L，Chien Y S，Tsai Y J，et al. Variability in rainfall threshold for debris flow after the Chi-Chi earthquake in central Taiwan，China[J]. International Journal of Sediment Research，2009，24(2)：177−188.

[6] 崔鹏，杨坤，陈杰. 前期降雨对泥石流形成的贡献——以蒋家沟泥石流形成为例[J]. 中国水土保持科学，2003，1(1)：11−15.

[7] 马力，游扬声，缪启龙. 强降水诱发山体滑坡预报[J]. 山地学报，2008，26(5)：583 −589.

[8] 周国兵，马力，韩余. 基于地质灾害易发程度分区的滑坡预报模. 山地学报，2009，27 (4)：466−470.

[9] 韦方强，胡凯衡，陈杰. 泥石流预报中前期有效降水量的确定[J]. 山地学报，2005，23 (4)：53−457.

[10] 李铁锋，丛威青. 基于 Logistic 回归及前期有效雨量的降雨诱发型滑坡预测方法[J]. 中国地质灾害与防治学报，2006，17(1)：33−35.

[11] 谭炳炎，段爱英. 山区铁路沿线暴雨泥石流预报研究[J]. 自然灾害学报，1995，4(2)：43−52.

[12] 薛建军，徐晶，张芳华，等. 区域性地质灾害预报方法研究[J]. 气象，2005，31(10)：24－27.

[13] 姚学祥，徐晶，薛建军，等. 基于降水量的全国地质灾害潜势预报模型[J]. 中国地质灾害与防治学报，2005，16(4)：97－102.

[14] Rupert M G，Cannon S H，Gartneretc J E. Using logistic regression to predict the probability of debris flows in areas burned by wildfires，southern california，2003－2006. U. S[J]. Geological Survey Open-File Report，2008－1370，9 p.

[15] Ohlmacher G C，Davis J C. Using multiple logistic regression and GIS technology to predict landslide hazard in northeast Kansas，USA[J]. Engineering Geology，2003，69(3－4)：331－343.

[16] Ayalew L，Yamagishi H. The application of GIS-based logistic regression for landslide susceptibility mapping in the Kakuda-Yahiko Mountains，Central Japan[J]. Geomorphology，2005，65(1－2)：15－31.

[17] Zhu L，Huang J F. GIS-based logistic regression method for landslide susceptibility mapping in regional scale[J]. Journal of Zhejiang University-Science，2006，7(12)：2007－2017.

[18] 徐晶，张国平，张芳华，等. 基于 Logistic 回归的区域地质灾害综合气象预警模型[J]. 气象，2007，33(12)：3－8.

[19] 郑国强. 基于 Bayes 判别分析法的密云县泥石流预报模型[D]. 北京：北京林业大学，2009.

[20] Lee S，Choi J，Min K. Landslide susceptibility analysis and verification using the Bayesian probability model[J]. Environmental Geology，2002，43(1－2)：120－131.

[21] 苏鹏程，刘希林，郭洁. 四川泥石流灾害与降雨关系的初步探讨[J]. 自然灾害学报，2006，15(4)：19－23.

[22] 张文彤. SPSS 11.0 统计分析教程(高级篇)[M]. 北京：北京希望电子出版社，2002：178－180.

[23] 孟河清. 泥石流的发生和降雨第二届全国泥石流学术会议论文集[C]. 北京：科学出版社，1991，143－148.

[24] Crozier M J，Eyles R J. Assessing the probability of rapid mass movement [M]. Proceedings of the Third Australia-New Zealand Conference on Geomechanics，New Zealand Institute of Engineers，Proceedings of Technical Groups，1980，6 (1g)：247－253.

[25] Crozier M J. Landslides：Causes，Consequences and Environment[M]. London：Croom

Helm，1986，185－189.

［26］Zêzere J L，Trigo R M，Trigo I F. Shallow and deep landslides induced by rainfall in the Lisbon region(Portugal)：assessment of relationships with the North Atlantic Oscillation ［J］. Natural Hazards and Earth System Sciences，2005，5：331－344.

［27］中国科学院水利部成都山地灾害与环境研究所. 中国泥石流［M］. 北京：商务印书馆，2000.

［28］王礼先，于志民. 山洪及泥石流灾害预报［M］. 北京：中国林业出版社，2001：125－126.

［29］Xu W，Yu W，Zhang G. Prediction method of debris flow by logistic model with two types of rainfall：a case study in Sichuan. China［J］. Natural Hazards，2012，62(2)：733－744.

［30］Xu W B，Yu W J，Jing S C，et al. Debris flow susceptibility assessment by GIS and information value model in a large-scale region，Sichuan Province(China)［J］. Natural Hazards，2013，65(65)：1379－1392.

第 5 章　比较 Bayes 判别分析与 Logistic 回归的
泥石流预报研究

5.1　概　　述

本章选取攀枝花市和凉山彝族自治州作为研究区域，它们位于四川省泥石流高发区域(表 5-1 和图 5-2)，县区内易受泥石流的危害。本书是在第 3 章模型因子和 Bayes 判别预报模型研究的基础上，考虑 Bayes 理论中的先验概率的影响，分别基于降雨因子和降雨与环境组合因子，利用 Logistic 回归与 Bayes 判别分析法在不同先验概率组合下建立该区域的泥石流预报模型，比较两种多元统计方法对泥石流灾害预报的回判正确率。Logistic 回归与 Bayes 判别分析法比较流程如图 5-1 所示。

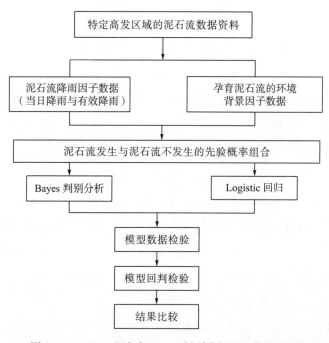

图 5-1　Logistic 回归与 Bayes 判别分析法比较流程图

5.2　研究区域和方法

5.2.1　研究区域

　　根据 1981～2004 年四川省各市泥石流历史统计资料(表 5-1)，泥石流灾害共发生 283 起，攀枝花市和凉山彝族自治州区域的泥石流约占 45.6％，属于泥石流高发区，并且其所管辖的县区在历史上多次受到泥石流的侵害。

表 5-1　四川省各市泥石流发生频数统计

地级市名称	频数	地级市名称	频数
阿坝藏族羌族自治州	15	广元市	1
巴中市	2	乐山市	13
北川羌族自治区	6	凉山彝族自治州	109
成都市	5	泸州市	6
达州市	3	眉山市	1
德阳市	8	绵阳市	1
都江堰市	0	南充市	0
峨眉山市	0	攀枝花市	20
甘孜藏族自治州	24	雅安市	52
广安市	5	宜宾市	12

　　故本书选取四川省攀枝花市和凉山彝族自治州作为第 4 章的研究区域，下面对两个区域的概况进行介绍。

　　攀枝花市位于中国西南川滇交界处，北纬 26°05′～27°21′，东经 102°15′～108°08′(图 5-2)，面积 440.398 km²，与凉山彝族自治州的会理、盐源、德昌县在东北面相接，与云南省在西南面相接。地势由西北向东南倾斜，西跨横断山脉，东临大凉山山脉，地处攀西裂谷，山高谷深，以低中山和中山地貌为主，占全市面积的 88.38％；该地区构造以南北向及东北向构造为主；区域气候被称为"南亚热带为基带的立体气候"，气候垂直变化大，四季不明显，夏季时间长，降雨集中；区内河流多，属于沙江和雅砻江水系。

　　凉山彝族自治州位于四川省西南部，北纬 26°03′～29°27′，东经 100°15′～103°53′(图 5-2)，面积 60422.6 km²，西连横断山脉，地势也是西北高、东南低，同时盆地丘陵相互交错，海拔相差悬殊，地貌以高山、高中山为主；州内构造发育，南北向和北西向断裂仍具有持续活动性；州内气候属亚热带季风气候，凉山河流与攀枝花一样均属长江水系。

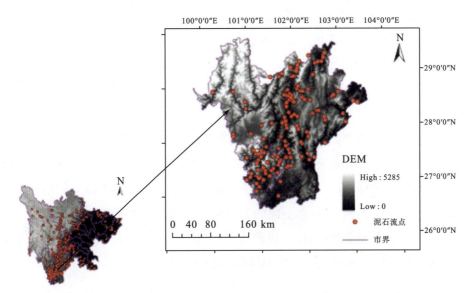

图 5-2　攀枝花市和凉山彝族自治州行政区及泥石流分布

5.2.2　研究方法

　　Bayes 判别分析法和 Logistic 回归是分类事件中应用较广的多元数理统计方法。在理论基础上两种方法是不同的，使用 Bayes 判别分析法和 Logistic 回归经常根据表面的模型假设要注意：大部分 Bayes 判别分析法过程假设各组具有相等的总体协方差结构和预报变量的多元正态分布，而 Logistic 回归没有这些假设。一般认为当总体协方差和正态性假设条件满足时，Bayes 判别分析法会给出更好的结果，而在其他情况下 Logistic 回归应该更适合。然而，并没有得到相关理论结果的证明，一方面，它们还受事件的先验概率和样本大小的影响；另一方面，这两种方法的选择比起满足假设条件更与统计实际应用领域有关，在实际中假设条件几乎难以满足，因此要通过不断的实证来选择较适合的方法。

　　不同的先验概率组合导致不同的分类结果。以二分类事件为例，Fan 和 Wang 及 Lei 和 Koehly 利用蒙特卡洛模拟比较线性判别分析(LDA)和 Logistic 回归的误判率，从数据分布的假设条件、事件的先验概率及样本点大小进行详细比较分析。在此，本书将两者在泥石流预报的实际应用进行探讨，根据 Lei 和

Koehly 研究先验概率之比(泥石流发生与不发生之比)分为三种情况：先验概率相等(0.5∶0.5)、中等先验概率(0.67∶0.33、0.75∶0.25)和极端先验概率(0.9∶0.1)，分别建立相应的预报模型。

(1)Logistic 回归方法，原理方法简述同 4.3.1 节。

(2)Bayes 判别分析方法，原理方法简述同 4.5.1 节。

5.3　不同先验概率的预报研究比较

在 5.2 节的基础上，本节提取攀枝花市和凉山彝族自治州区域 1981~2004 年的泥石流，剔除数据缺失点和有多重共线性的样本点。在降雨的预报因子(当日降雨和前期有效降雨)中加入环境因子(高程、坡度、坡向、汇流累积量、植被覆盖度、土壤、土地利用)，在不同的先验概率组合中，根据 Logistic 回归方法和 Bayes 判别分析方法的理论，得到模型数据检验和回判正确率结果，进行 Bayes 判别分析和 Logistic 回归预报建模的研究比较。

5.3.1　相等先验概率的预报比较

训练样本中泥石流发生与不发生的先验概率分别是 0.5 和 0.5，利用 Bayes 判别分析法和 Logistic 回归分析分别对训练样本进行建模结果如下。

基于降雨因子的 Logistic 回归预报函数：

$$P = 1/(1 + e^{-B})$$
$$B = 0.228 + 0.087x_8 - 0.148x_9 \tag{5-1}$$

基于降雨因子的 Bayes 判别预报函数组：

$$\begin{cases} f_1 = -0.070x_8 + 0.218x_9 - 1.108 \\ f_0 = -0.149x_8 + 0.353x_9 - 1.329 \end{cases} \tag{5-2}$$

通过标准化处理，得到标准化环境和降雨组合的预报因子：高程(Zx_1)、坡度(Zx_2)、坡向(Zx_3)、汇流累积量(Zx_4)、植被覆盖度(Zx_5)、土壤(Zx_6)、土地利用(Zx_7)、当日降雨(Zx_8)、有效降雨(Zx_9)，再进行 Logistic 回归和 Bayes 判别分析建模。

基于降雨和环境因子的 Logistic 回归预报函数：

$$P = 1/(1 + e^{-B})$$
$$B = 32.484 - 0.58Zx_1 + 0.93Zx_2 + 0.385Zx_3 + 187.372Zx_4$$

$$+0.132Zx_5 + 3.288Zx_6 - 0.452Zx_7 + 1.552Zx_8 - 1.315Zx_9 \quad (5\text{-}3)$$

基于降雨和环境因子的 Bayes 判别预报函数组：

$$
\begin{cases}
f_1 = -0.342Zx_1 + 0.495Zx_2 + 0.102Zx_3 + 0.091Zx_4 - 0.010Zx_5 \\
\quad\quad + 0.337Zx_6 - 0.198Zx_7 + 0.6Zx_8 - 0.478Zx_9 - 0.873 \\
f_0 = 0.345Zx_1 - 0.5Zx_2 - 0.103Zx_3 - 0.092Zx_4 + 0.01Zx_5 - 0.341Zx_6 \\
\quad\quad + 0.2Zx_7 - 0.606Zx_8 + 0.483Zx_9 - 0.887
\end{cases}
$$

$$(5\text{-}4)$$

对于 Logistic 回归预报函数的预报准则：若 $P>0.5$，表示泥石流灾害事件发生；若 $P<0.5$，表示泥石流灾害事件不发生。

对于 Bayes 判别分析法预报函数组的预报准则：如果 $f_1>f_0$，判定该区域发生泥石流；如果 $f_1<f_0$，判定该区域不发生泥石流。

1. 模型数据检验

Logistic 回归模型拟合优度的评价常采用决定系数 R^2（Cox & Snell 决定系数和 Nagelkerke 决定系数）和 Hosmer-Lemeshow 统计量，前者反映了模型中所有自变量解释因变量变异的百分比，其值越接近 1 越好；后者主要是进行回归模型显著性检验，显著性的值大于 0.05，表明由预报概率获得的期望频数与观察频数之间的差异无统计学意义，即回归模型拟合良好。

先验概率相等的 Logistic 回归模型数据检验结果，如表 5-2 所示：

表 5-2　Logistic 回归模型的统计量

先验概率	函数	Hosmer-Lemeshow 检验		Cox & Snell 决定系数	Nagelkerke 决定系数
		卡方值	显著值		
0.5∶0.5	LR1	9.459	0.123	0.369	0.491
	LR2	40.049	0.007	0.05	0.066

注：LR1 表示基于降雨和环境因子的 Logistic 回归预报模型，LR2 表示基于降雨因子的 Logistic 预报模型。

由表 5-2 可得，基于降雨因子的 Logistic 预报模型（LR2）的 Sig. 值略小于 0.05，说明模型拟合优度不是很理想。

Bayes 判别分析法的模型数据检验选用 Wilks' λ 统计量，以 Wilks' λ 的值和显著性参数值为主，相等先验概率的 Bayes 判别分析法模型数据检验结果如表 5-3 所示。

表 5-3　Wilks' λ 统计量

先验概率	函数	Wilks' λ	卡方值	自由度
0.5：0.5	BDA1	0.726	60.422	9
	BDA2	0.952	9.390	2

注：BDA1 表示基于降雨和环境因子的 Bayes 判别预报模型，BDA2 表示基于降雨因子的 Bayes 判别预报模型。

由表 5-3 可以看出，BDA1 的判别预报模型的判别函数有效性比 BDA2 的好。

2. 模型精度比较

由于样本数量的限制，本书利用它们各自的训练样本进行回判预报正确率检验，以泥石流总的回判预报正确率为主，泥石流发生预报正确率和泥石流不发生预报正确率为辅，所得的结果如表 5-4 和图 5-3 所示。

表 5-4　Bayes 判别分析与 Logistic 回归的回判检验结果　　　（单位：）

先验概率	函数	总正确率	发生正确率	不发生正确率
0.5：0.5	BDA1	67.5	62.9	72.2
	LR1	75.8	75.3	76.3
	BDA2	56.2	68.0	44.3
	LR2	56.7	68.0	45.4

注：BDA1 表示基于降雨和环境因子的 Bayes 判别预报模型，LR1 表示基于降雨和环境因子的 Logistic 回归预报模型，BDA2 表示基于降雨因子的 Bayes 判别预报模型，LR2 表示基于降雨因子的 Logistic 预报模型。

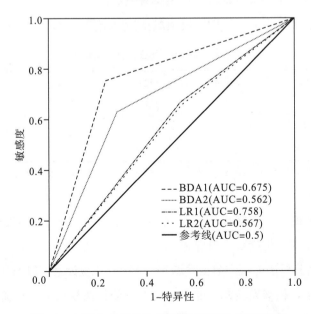

图 5-3　相等先验概率的 ROC 曲线图和 AUC 面积

由表 5-4 可以得到，在相等先验概率情况下，LR1 的总的回判预报正确率比 BDA1 的高 8.3%，而 BDA2 的总的回判预报正确率比 LR2 的低 0.5%。除此之外，由 ROC 曲线可获得 AUC 面积进一步的评价模型。

5.3.2 中等先验概率的预报比较

训练样本中泥石流发生与不发生的先验概率分别是 0.67、0.33 和 0.75、0.25 两种情况，利用 Bayes 判别分析法和 Logistic 回归分析分别对训练样本进行建模，结果如下。

1. 泥石流发生与不发生的先验概率分别是 0.67 和 0.33 的预报函数

基于降雨因子的 Logistic 回归预报函数：

$$P = 1/(1 + e^{-B})$$
$$B = 0.327 + 0.312x_8 - 0.252x_9 \tag{5-5}$$

基于降雨因子的 Bayes 判别预报函数组：

$$\begin{cases} f_1 = -0.050x_8 + 0.216x_9 - 0.981 \\ f_0 = -0.228x_8 + 0.464x_9 - 1.922 \end{cases} \tag{5-6}$$

通过标准化处理，得到标准化环境和降雨组合的预报因子：高程(Zx_1)、坡度(Zx_2)、坡向(Zx_3)、汇流累积量(Zx_4)、植被覆盖度(Zx_5)、土壤类型(Zx_6)、土地利用类型(Zx_7)、当日降雨(Zx_8)、有效降雨(Zx_9)，再进行 Logistic 回归和 Bayes 判别分析建模。

基于降雨和环境因子的 Logistic 回归预报函数：

$$P = 1/(1 + e^{-B})$$
$$\begin{aligned} B = &\ 27.251 - 0.361Zx_1 + 0.927Zx_2 + 0.321Zx_3 + 136.06Zx_4 \\ &+ 0.379Zx_5 + 3.454Zx_6 - 0.745Zx_7 - 6.119Zx_8 - 2.781Zx_9 \end{aligned}$$

$$\tag{5-7}$$

基于降雨和环境因子的 Bayes 判别预报函数组：

$$\begin{cases} \begin{aligned} f_1 = &-0.102Zx_1 + 0.305Zx_2 + 0.043Zx_3 + 0.049Zx_4 \\ &+ 0.002Zx_5 + 0.163Zx_6 - 0.212Zx_7 + 0.981Zx_8 - 0.691Zx_9 - 0.517 \end{aligned} \\ \begin{aligned} f_0 = &\ 0.208Zx_1 - 0.625Zx_2 - 0.087Zx_3 - 0.101Zx_4 - 0.003Zx_5 - 0.334Zx_6 \\ &+ 0.433Zx_7 - 2.008Zx_8 + 1.415Zx_9 - 1.615 \end{aligned} \end{cases}$$

$$\tag{5-8}$$

2. 泥石流发生与不发生的先验概率分别是 0.75 和 0.25 的预报函数

基于降雨因子的 Logistic 回归预报函数:

$$P = 1/(1 + e^{-B})$$
$$B = 0.684 + 0.266x_8 - 0.217x_9$$

(5-9)

基于降雨因子的 Bayes 判别预报函数组:

$$\begin{cases} f_1 = -0.122x_8 + 0.344x_9 - 0.928 \\ f_0 = -0.284x_8 + 0.575x_9 - 2.201 \end{cases}$$

(5-10)

通过标准化处理,得到标准化环境和降雨组合的预报因子:高程(Zx_1)、坡度(Zx_2)、坡向(Zx_3)、汇流累积量(Zx_4)、植被覆盖度(Zx_5)、土壤(Zx_6)、土地利用(Zx_7)、当日降雨(Zx_8)、有效降雨(Zx_9),再进行 Logistic 回归和 Bayes 判别分析建模。

基于降雨和环境因子的 Logistic 回归预报函数:

$$P = 1/(1 + e^{-B})$$
$$B = 28.244 - 0.346Zx_1 + 1.026Zx_2 + 0.264Zx_3 + 131.172Zx_4$$
$$+ 0.463Zx_3 + 2.977Zx_6 - 0.678Zx_7 + 5.629Zx_8 - 2.572Zx_9$$

(5-11)

基于降雨和环境因子的 Bayes 判别预报函数组:

$$\begin{cases} f_1 = -0.077Zx_1 + 0.225Zx_2 + 0.028Zx_3 + 0.031Zx_4 \\ \qquad + 0.024Zx_5 + 0.116Zx_6 - 0.146Zx_7 + 0.722Zx_8 - 0.516Zx_9 - 0.338 \\ f_0 = 0.235Zx_1 - 0.69Zx_2 - 0.087Zx_3 - 0.094Zx_4 - 0.073Zx_5 - 0.356Zx_6 \\ \qquad + 0.448Zx_7 - 2.217Zx_8 + 1.584Zx_9 - 1.936 \end{cases}$$

(5-12)

LR 预报函数的预报准则与 BDA 预报函数组的预报准则同 5.3.1 节。

1)模型数据检验

利用决定系数 R^2(Cox & Snell 决定系数和 Nagelkerke 决定系数)和 Hosmer-Lemshow 统计量(以显著性参数值为主)评价 Logistic 回归模型拟合优度;用以 Wilks' λ 的值和显著性参数值为主的 Wilks' λ 统计量,评价 Bayes 判别分析法模型的有效性。经过数据分析检验得到的结果如下。

中等先验概率的 Logistic 回归模型数据检验结果,如表 5-5 所示:

表 5-5　Logistic 回归模型的统计量

先验概率	函数	Hosmer-Lemeshow 检验		Cox & Snell 决定系数	Nagelkerke 决定系数
		卡方值	显著值		
0.67 : 0.33	LR1	2.844	0.944	0.445	0.620
	LR2	8.938	0.348	0.260	0.362
0.75 : 0.25	LR1	1.948	0.983	0.369	0.548
	LR2	6.672	0.572	0.183	0.272

注：LR1 表示基于降雨和环境因子的 Logistic 回归预报模型，LR2 表示基于降雨因子的 Logistic 预报模型。

从表 5-5 统计量参数的结果得出，综合考虑表中的结果值，以环境与降雨为预报模型因子的 Logistic 回归模型拟合优度较好。

相等先验概率的 Bayes 判别分析法模型数据检验结果如表 5-6 所示。由表 5-6 的 Bayes 判别模型相关统计量的值可以得出，以环境与降雨为预报模型因子的 Bayes 判别预报模型的有效性比其他好一些。

表 5-6　Wilks' λ 统计量

先验概率	函数	Wilks' λ	卡方值	自由度
0.67 : 0.33	BDA1	0.669	74.519	9	1.966E−012
	BDA2	0.824	36.604	2	1.126E−008
0.75 : 0.25	BDA1	0.741	49.400	9	1.397E−007
	BDA2	0.887	20.206	2	4.096E−005

注：BDA1 表示基于降雨和环境因子的 Bayes 判别预报模型，BDA2 表示基于降雨因子的 Bayes 判别预报模型。

2）模型精度比较

由于样本数量的限制，本书利用它们各自的训练样本进行回判预报正确率检验，以泥石流总的回判预报正确率为主，以泥石流发生预报精度和泥石流不发生预报正确率为辅，所得的结果，如表 5-7 和图 5-4 所示。

表 5-7　Bayes 判别分析与 Logistic 回归的回判检验结果　　　　（单位：%）

先验概率	函数	总正确率/%	发生正确率/%	不发生正确率/%
0.67 : 0.33	BDA1	83.9	95.3	60.3
	LR1	80.7	88.7	65.1
	BDA2	74.5	96.9	28.6
	LR2	69.8	84.5	39.7
0.75 : 0.25	BDA1	83.6	96.9	42.9
	LR1	83.6	92.0	57.3

续表

先验概率	函数	总正确率/%	发生正确率/%	不发生正确率/%
0.75：0.25	BDA2	78.9	99.2	16.7
	LR2	78.4	97.7	19.0

注：BDA1 表示基于降雨和环境因子的 Bayes 判别预报模型，LR1 表示基于降雨和环境因子的 Logistic 回归预报模型，BDA2 表示基于降雨因子的 Bayes 判别预报模型，LR2 表示基于降雨因子的 Logistic 预报模型。

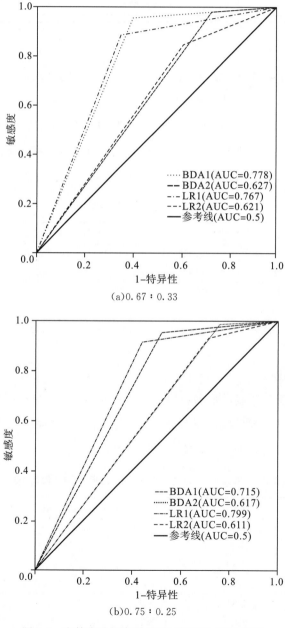

(a)0.67：0.33

(b)0.75：0.25

图 5-4 中等先验概率的 ROC 线图和 AUC 面积

由表 5-7 所示的结果可以得到，当先验概率为 0.67：0.33，BDA1 的总的回判预报正确率比 LR1 的高 3.2%，同时 BDA2 的总的回判预报正确率比 LR2 的高 4.7%；当先验概率为 0.75：0.25 时，BDA1 的总的回判预报正确率比 LR1 的高 0.2%，同时 BDA2 的总的回判预报正确率比 LR2 的高 0.5%；从泥石流发生的预报正确率和泥石流不发生的预报正确率的结果来看，泥石流发生的预报正确率明显比泥石流不发生的预报正确率高许多。由图 5-4 的 ROC 曲线得，图 5-4(a) 与表 5-7 的结果一致，而图 5-4(b) 中 BDA1 的 AUC 比 LR1 稍小。

5.3.3　极端先验概率的预报比较

训练样本中泥石流发生与不发生的先验概率分别是 0.9 和 0.1，利用 Bayes 判别分析法和 Logistic 回归分析法分别对训练样本进行建模，结果如下。

基于降雨因子的 Logistic 回归预报函数：

$$P = 1/(1 + e^{-B})$$
$$B = 2.111 + 0.504x_8 - 0.409x_9 \tag{5-13}$$

基于降雨因子的 Bayes 判别预报函数组：

$$\begin{cases} f_1 = -0.142x_8 + 0.366x_9 - 0.710 \\ f_0 = -0.478x_8 + 0.937x_9 - 4.276 \end{cases} \tag{5-14}$$

通过标准化处理，得到标准化环境和降雨组合的预报因子：高程(Zx_1)、坡度(Zx_2)、坡向(Zx_3)、汇流累积量(Zx_4)、植被覆盖度(Zx_5)、土壤类型(Zx_6)、土地利用类型(Zx_7)、当日降雨(Zx_8)、有效降雨(Zx_9)，再进行 Logistic 回归和 Bayes 判别分析建模。

基于降雨和环境因子的 Logistic 回归预报函数：

$$P = 1(1 + e^{-B})$$
$$B = 28.987 + 0.228Zx_1 + 0.949Zx_2 + 0.6Zx_3 + 107.995Zx_4$$
$$+ 0.037Zx_5 + 3.867Zx_6 - 0.727Zx_7 + 8.168Zx_8 - 3.456Zx_9 \tag{5-15}$$

基于降雨和环境因子的 Bayes 判别分析预报函数组：

$$\begin{cases} f_1 = 0.023Zx_1 + 0.101Zx_2 + 0.053Zx_3 + 0.027Zx_4 - 0.043Zx_5 \\ \quad + 0.026Zx_6 - 0.059Zx_7 + 0.587Zx_8 - 0.502Zx_9 - 0.12 \\ f_0 = -0.216Zx_1 - 0.934Zx_2 - 0.486Zx_3 - 0.246Zx_4 \\ \quad + 0.395Zx_5 - 0.239Zx_6 + 0.269Zx_7 - 5.411Zx_8 + 4.628Zx_9 - 3.762 \end{cases} \tag{5-16}$$

　　Logistic 回归预报函数的预报准则与 Bayes 判别分析预报函数组的预报准则同 5.3.1 小节。

　　1)模型数据检验

　　利用决定系数 R^2(Cox & Snell 决定系数和 Nagelkerke 决定系数)和 Hosmer-Lemshow 统计量(以显著性参数值为主)评价 Logistic 回归模型拟合优度;用以 Wilks' λ 的值和显著性参数值为主的 Wilks' λ 统计量,评价 Bayes 判别分析法模型的有效性。极端先验概率的 Logistic 回归模型数据检验结果如表 5-8 所示,极端先验概率的 Bayes 判别分析法模型数据检验结果如表 5-9 所示。

　　从表 5-8 和表 5-9 可以看出,极端先验概率下的 Logistic 回归模型拟合优度和 Bayes 判别分析法模型有效性还在要求范围内。

表 5-8　Wilks' λ 统计量

先验概率	函数	Wilks' λ	卡方值	自由度
0.9∶0.1	BDA1	0.885	22.504	9	0.007
	BDA2	0.941	11.407	2	0.003

注:BDA1 表示基于降雨和环境因子的 Bayes 判别预报模型,BDA2 表示基于降雨因子的 Bayes 判别预报模型。

表 5-9　Logistic 回归模型的统计量

先验概率	函数	Hosmer-Lemeshow 检验		Cox & Snell 决定系数	Nagelkerke 决定系数
		卡方值	显著值		
0.9∶0.1	LR1	3.509	0.899	0.202	0.413
	LR2	4.906	0.768	0.105	0.215

注:LR1 表示基于降雨和环境因子的 Logistic 回归预报模型,LR2 表示基于降雨因子的 Logistic 预报模型。

　　2)模型精度比较

　　由于样本数量的限制,本书利用它们各自的训练样本进行回判预报正确率检验,所得的结果如表 5-10 和图 5-5 所示:

表 5-10　Bayes 判别分析与 Logistic 回归的回判检验结果　　　(单位:%)

先验概率	函数	总正确率	发生正确率	不发生正确率
0.9∶0.1	BDA1	90.5	100.0	10.0
	LR1	91.1	98.8	25.0
	BDA2	90.0	100.0	5.0
	LR2	90.5	100.0	5.3

注:BDA1 表示基于降雨和环境因子的 Bayes 判别预报模型,LR1 表示基于降雨和环境因子的 Logistic 回归预报模型,BDA2 表示基于降雨因子的 Bayes 判别预报模型,LR2 表示基于降雨因子的 Logistic 预报模型。

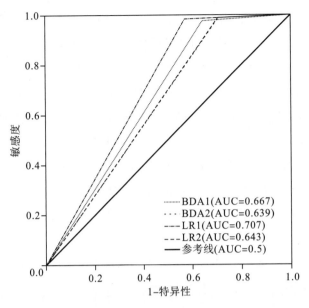

图 5-5 极端先验概率的 ROC 曲线图和 AUC 面积

由表 5-10 所得结果可知，在极端先验率情况下，LR1 的总的回判预报正确率比 BDA1 的高 0.6%，同时 LR2 的总的回判预报正确率比 BDA2 的高 0.5%；而泥石流发生的预报正确率和泥石流不发生的预报正确率之间的差异也处于极端状态。如图 5-5 所示，与上述一致。

5.4 本 章 小 结

针对四川省泥石流高发区攀枝花市和凉山彝族自治州区域，Bayes 判别分析和 Logistic 回归两种方法分别在不同先验概率下，以降雨与环境不同组合为预报因子，得到的结果如表 5-4、表 5-7 和表 5-10 所示。以泥石流总的预报正确率为主，以泥石流发生预报正确率和泥石流不发生预报正确率为辅，来分析不同先验概率之比的泥石流预报模型的预报性能。

虽然降雨因子是泥石流爆发的主要激发因素，但结果还得进一步分析，泥石流是在多种环境因素和气候因素的共同相互作用下突发形成，一般在模型中加入的预测因子越多，模型的正确率就越高，因此在降雨基础上加入环境因子的模型正确率有不同程度的提高。

　　就两种方法模型而言，两种方法模型自身的一些条件增加了结果的不确定性。Bayes 判别和 Logistic 回归两者都需要独立的变量组合，不同的是 Bayes 判别需要一些有关变量的假设条件，然而在实际应用中，这些假设条件很难完全满足，并不说明 Bayes 判别比 Logistic 回归差；相反地，当这些假设都满足时，也不能表明 Bayes 判别比 Logistic 回归差好，针对具体的实际问题要具体的分析讨论哪种方法更合适。本书中，Bayes 判别的假设都不满足，但通过 Wilks' λ 统计量也表明 Bayes 判别函数是有效的，可以用于判别分类预报。Logistic 回归模型相对于 Bayes 的最大优势是没有严格的假设条件，而主要的缺点在于模型参数的估计方法：最大似然估计，估计过程往往需要足够大的样本进行迭代运算，以获得稳定的模型参数。

　　从两种模型等式来看，Bayes 判别分析法的判别等式是预报因子的线性关系，而 Logistic 回归等式是预报因子的非线性关系。泥石流发生点与不发生点的样本比例（即先验概率）影响着两类模型的预报精度（Lei 和 Koehly）。相等和极端的先验概率组合使得预报因子参数之间的关系趋于非线性，而中等的先验概率组合使得预报因子参数之间的关系趋于线性。

　　另外，所选用样本数据的质量和稳健性同样重要，数据处理过程中存在的误差和系统误差都会影响模型的结果精度。

　　本章针对四川省泥石流危险高发区攀枝花市和凉山彝族自治州区域，在不同的先验概率组合下，展开区域 Bayes 判别的泥石流预报模型与 Logistic 回归预报的比较研究，得出如下结论。

　　(1)在区域泥石流预报模型方面，以降雨和环境因子为预报因子，Bayes 判别分析和 Logistic 回归的预报性能随先验概率不同而变化：在先验概率为中等程度情况下，Bayes 判别分析的预报模型略好于总体回判预报正确率；在先验概率相等(0.5：0.5)和先验概率为极端程度情况下，Logistic 回归的预报模型稍好于总体回判预报的正确率。

　　(2)在区域泥石流预报模型方面，以降雨为预报因子，得到结论：在先验概率相等(0.5：0.5)和先验概率组合为中等程度(0.67：0.33 和 0.75：0.25)的情况下，Bayes 判别分析的预报模型具有略好的总体回判预报正确率；在先验概率为极端程度情况下，Logistic 回归的预报模型稍好于总体回判预报的正确率。

　　(3)无论是降雨预报因子还是降雨和环境组合的预报因子，随着泥石流发生的先验概率之比增大，Bayes 判别分析和 Logistic 回归预报模型中泥石流发生的预报正确率也逐渐增大，同时泥石流不发生的先验概率减小，导致泥石流不发生的预报正确率逐渐减小，在选择该区域泥石流模型时，根据实际不同的要求来对两者进行综合地分析讨论。

第6章 成果总结与展望

6.1 成 果 总 结

本书以四川省这一典型的泥石流灾害多发地为研究区，重点探讨了在 GIS 和 RS 技术支持下，基于多因子的较高精度的泥石流预报模型内容进行研究。利用 1981~2002 年泥石流灾害历史统计数据为研究基础数据，首先是通过逐日降雨量数据的预处理与空间插值分析获取较优质的降雨因子数据，其次结合土壤类型数据、数字高程模型(DEM)、AVHRR 植被指数产品、MODIS 植被指数产品、土地利用类型数据等遥感数据建立泥石流预报模型。分别采用信息量、可拓学方法将研究区划分为 5 种危险等级的子区，并确定不同危险子区中各影响因子的权重关系。再次，以 Logistic 回归模型为基础，建立考虑环境因素的泥石流预报模型，从区域尺度和因子组合两方面进行 Bayes 判别分析方法的确定性预报模型的建模研究。最后，以四川省泥石流高发区——攀枝花市和凉山州为研究区域，利用常用的 Logistic 回归和 Bayes 判别分析分别建立预报模型，重点在于比较分析先验概率对泥石流预报建模的影响。主要结论有以下几个方面。

(1)针对降雨量空间插值区域性问题，比较分析 GIS 中两类插值方法(确定性插值方法和地统计插值方法)的典型代表方法——IDW 和 OK 的插值精度后，确定了适合四川省的插值的方法是 OK 法，并且适合的插值参数是采用 Exponential 函数拟合半变异函数，最大搜索样点数为 15。由于降雨量的大小也会受到地形的影响，因此，在进行降雨量插值估算时，CK 法可以增加环境因子，选取高程、坡度、坡向作为 CK 法的第二、第三、第四类辅助信息。本书根据前人经验对高程、坡度、坡向、植被进行相关性分析及主成分分析，与 OK 法相比，前者的精度略高于后者，这也说明由气象站获取的降雨数据受站点的空间分布的影响。

(2)通过对泥石流与降雨的关系分析可知，四川省泥石流多属于暴雨型泥石流，暴雨是重要的激发因素。因此研究四川省泥石流的预报首先应分析降雨与泥石流的关系。以统计的方法计算前期有效降雨的衰减系数，采用经验公式计算灾害发生处前期有效降雨量。最后利用 Logistic 回归模型对两类降雨组合：（当日降雨与前 10 日降雨，当日降雨与前 10 日有效降雨建立）基于降雨的泥石流预测模型。与此同时，进一步分析第二类降雨组合中两种降雨方式（大降雨短持续时间和小降雨长持续时间）与泥石流之间的关系。分析结果显示，第二组（当日降雨和短时间大降雨，当日降雨和长时间小降雨的预测准确性）（89.1% 和 88.9%）比第一组的预测精度（86.8%）约高 2%。说明有效降雨与泥石流时间联系紧密。此外，当预测参数仅考虑降雨时，使用"有效降雨"，准确性相对提高。

（3）针对细化预报子区的问题。本书以栅格单元为基础，采用信息量模型方法计算高程、坡度、坡向、汇流累积量、植被覆盖度、土壤类型和土地利用类型共 7 个影响因子的信息量，通过线性叠加计算因子的综合信息量。最后以自然断点法，将四川省按危险程度划分为轻度危险区（-8.262～-3.746）、较轻度危险区（-3.746～-1.924）、中度危险区（-1.924～-0.0362）、重度危险区（-0.0362～1.542）和高度危险区（1.542～9.987）共 5 个不同危险等级子区。结果显示，重度危险区和高度危险区主要位于四川省东北、中部和南部的部分地区，呈带状分布：在北纬 26°～28.5° 为南北走向；在北纬 28.5°～32.5° 为西南-东北走向。尤其是南部的攀枝花市和凉山彝族自治州是最危险的地区。而实际发生比的比较中，高度危险区和重度危险区面积分别占全区面积的 19.97% 和 7.53%，却集中了 80% 的泥石流灾害，实际发生比分别为 2.14 和 4.95，说明信息量模型以较小的面积概括绝大部分的泥石流灾害发生区，有较高的评价精度。

（4）在降雨与泥石流关系、研究子区划分的基础上，建立考虑环境背景的泥石流预报模型。首先通过关联度分析，计算每个子区内影响因子的权重，结果表明：不同子区主要影响因子存在差异。中度危险区，人为影响因子较为严重，土地利用类型因子权重最大。重度危险区，土壤类型抗剪强度较弱，极易发生灾害，与危险性关联程度最大，土壤类型是该子区最主要的影响因子。高度危险区，土地利用类型、当日降雨和土壤类型权重较大，是该地区的主要影响因子。

（5）在危险子区和因子权重的基础上，建立了 3 个不同危险程度的泥石流预测模型，其预测准确度分别为 60.8%、64% 和 75.9%。比较仅考虑降雨的模型而言，三个模型的准确率均有提高，分别提高了 4.5 个百分点、3 个百分点和 4.9 个百分点。因此，环境因子对于泥石流的预报十分重要。较之与传统的仅考虑降雨的预报，分子区研究这一方法将有助于提高预测的准确度。

（6）在利用可拓学方法进行泥石流区划中，本书首先选定相对高差、坡度、岩石硬度、降雨、河网密度、植被覆盖度、泥石流次数、地震次数 8 个因子对泥石流危险程度进行研究。运用于可拓模型中，建立了丰富的关联函数，且采用层次分析法得到权重，使各因子分析更加具体。

在计算关联函数之前，首先应确定因子与危险等级之间的关系，我们发现每种因子与危险等级的关系并不是简单的单一变化，为了解决这个问题，其可拓学方法可以用丰富的关联函数来表达因子与泥石流发生的关系。最终结果揭示了四川省泥石流危险区域的位置，其中重度危险区分布在四川省西北地区、北部部分地区及南部，吻合四川泥石流高发区。

通过以实际发生泥石流灾害位置与危险性等级区划图的比较分析，对人类有威胁的中度危险区、高度危险区和重度危险区占全区面积的 52.38％，而实际灾害百分比有较高的准确性，即说明可拓学模型对四川省危险性有较高准确度的评价。

（7）探讨以 Bayes 判别分析为主的区域泥石流的确定型预报模型。在区域泥石流预报因子方面，降雨因子是激发泥石流的主要因子，而泥石流的形成是多种复杂自然因素及人为因素综合作用的结果，加入环境因子的区域泥石流预报模型比只含有降雨因子的模型的效果好。在区域大小方面，以 Bayes 判别分析法为预报模型，无论基于何种预报因子，高发区域预报模型的总的判别正确率比全省区域的模型高；但 Bayes 判别预报模型的稳定性也有所不同，全省区域以降雨和环境为预报因子的模型较为稳定，高发区域以降雨为预报因子的模型较为稳定。

对 Bayes 判别分析方法所涉及的先验概率进行探讨，并在此条件下，与概率型的预报模型——Logistic 回归比较，以攀枝花市和凉山彝族自治州为研究区域，分别进行预报模型建模，经过综合分析得到：①基于降雨因子的 Bayes 判别分析和 Logistic 回归预报模型，以总体的预报准确度为主，在先验概率为中等程度情况下，前者的比后者稍高，在先验概率相等和为极端情况下，后者的比前者稍高；②基于降雨和环境因子的 Bayes 判别分析法和 Logistic 回归预报模型的结论与①相同；③从泥石流发生的预报准确度和泥石流不发生的预报准确度角度进行分析，随着先验概率之比的增大，两者的变化方向相反，前者增大后者减少，因此，中等程度的先验概率下的预报模型更具有实用性。

6.2　展　　望

尽管本书已取得一些研究成果，但由于作者本人对泥石流预报认知水平有限及研究资料的缺乏，使得研究仍存在一些不足和有待改进的地方。对研究过程中所遇到的问题进行思考和分析后，可从以下几个方面进行更深入的研究。

(1)基于统计的预报模型方面。虽然这一方向已经研究了多年，但是随着数据获取、分析手段及统计学的不断改进，仍有可以深入研究之处。例如，由于因子间的相关性将带来因子权重下降等问题。因此，克服因子相关性将有助于提高预测精度。同时，利用贝叶斯理论对已建立的降水和泥石流关系进行校正和概率化，可以更好地刻画环境背景分区和降水观测的不确定性所带来的误差。目前尚无这方面的研究。综合以上可以看出，根据研究区域的不同实际条件选择不同的预报模型可以提高预报结果的准确度。

(2)本书所获取的降雨资料和环境数据缺少每条泥石流区域的数据资料，这些数据在此适合用于区域性泥石流预报，而对于区域尺度更小的泥石流预报，效果就会有所降低。因此，需要对每个泥石流流域的降雨和环境数据进一步获取，并进行 Bayes 判别建模研究，以提高的预报精度，为泥石流的预防提供支持。

(3)在降雨量估计方面。雷达数据本身是面状数据，且不需要插值，因此已有少部分研究利用雷达数据进行降雨量的估算。但此类遥感数据存在空间分辨率相对较低的问题，使得该种方未能普及。因此，结合雷达数据提高估算降雨量精度是今后一个研究方向。

(4)在数理统计预报模型方面。从预报结果上，一般分为概率型预报模型和确定型预报模型，前者以 Logistic 回归为例被广泛应用与泥石流灾害研究的各个方面，也取得了一定的结果；后者以 Bayes 判别分析为例被应用到泥石流灾害预报领域，研究较少，还处于探索阶段。这些数理统计方法相关的理论已经较为成熟，而在今后的研究中就需要不断在实际应用领域内进行探讨，进一步完善并提高其预报水平，为灾害预报的准确型预报提供更加行之有效的方法。

索　引